Band 18 · Dezember 1982 **12**

isotopenpraxis

AKADEMIE-VERLAG

ISSN 0021–1915 Isotopenpraxis, Berlin 18 (1982) 12, 409–436
EVP 9,– M 32036

An unsere Autoren

Die Zeitschrift veröffentlicht Beiträge zu folgenden Themen: Kontrolle und Analyse radioaktiver und stabiler Isotope, Anwendung radioaktiver und stabiler Isotope in allen Gebieten der Forschung und Technik, der Industrie, Landwirtschaft und Medizin, Herstellung radioaktiver und stabiler Isotope sowie von markierten Verbindungen, kernelektronische Geräte für die Isotopenanwendung (Dickenmesser, Dichtemesser u. ä.) Detektoren für isotopentechnische Arbeiten und den Strahlenschutz in Isotopenlaboratorien, Meßtechnik und Strahlenschutz, Dosimetrie in Isotopenlaboratorien, kerntechnische Geräte für die Isotopenanwendung (Beton, Bestrahlungsanlagen u. ä.), Strahlenchemie, Radiochemie, ökonomische und perspektivische Fragen, Fragen der Weiterbildung.

1. Aufnahme von Manuskripten

Zur Veröffentlichung angenommen werden nur druckreife, noch nicht anderweitig publizierte Beiträge in deutscher, englischer oder russischer Sprache zum Themenbereich der Zeitschrift und zwar

- Originalarbeiten
- Kurze Originalmitteilungen
- Aus der Praxis
- Zusammenfassende Berichte
- Tagungsberichte
- Informationen.

Sind der Beitrag oder Teile daraus bereits veröffentlicht oder ist eine anderweitige Veröffentlichung vorgesehen, so muß dies der Redaktion mit genauer Angabe der Zweitveröffentlichung mitgeteilt werden. Mit der Annahme des Manuskriptes behält sich der Verlag das Recht der Vervielfältigung, Verbreitung und Übersetzung innerhalb der gesetzlichen Schutzfrist vor. Auszugsweiser Nachdruck oder photomechanische u. a. Wiedergabe sind an eine zugsweiser Nachdruck oder photomechanische u. a. Wiedergabe sind an eine schriftliche Genehmigung des Verlages gebunden. Manuskripte, Zeichnungen und Photos von veröffentlichten Arbeiten werden nur auf den besonderen und bis zum Zeitpunkt der Veröffentlichung mitgeteilten Wunsch des Autors zurückgesandt.

Bei der unverlangten Einreichung von Manuskripten wird empfohlen, eine Befürwortung eines der Herausgeber oder Redaktionsausschußmitglieder beizufügen.

Manuskripte sind einzureichen bei der Redaktion, 1086 Berlin, Leipziger Str. 3–4

2. Form der Manuskripte

Die Autoren werden gebeten:

2 Manuskripte, eines davon in Original-Maschinenschrift, einseitig und mit 2zeiligem Abstand einzureichen; gut leserliche Photokopien sind zulässig; auf dem 1. Blatt (unter Weglassung der Bezeichnung)

- den Titel der Arbeit
- Vorname-Initialen und Namen sämtlicher Autoren
- gegebenenfalls die Institution, in der sie tätig sind
- eine kurze Zusammenfassung der Arbeit von höchstens 15 Zeilen
- Keywords in alphabetischer Reihenfolge und
- als Fußnote die Anschrift der Institution anzugeben;

wenn möglich, auf gesonderten Blättern Namen, Titel der Arbeit und Zusammenfassung in den beiden anderen obengenannten Sprachen 2fach beizufügen;

Literaturhinweise (fortlaufend numeriert), Fußnoten, Tabellen, Abbildungen (in 2–3facher Veröffentlichungsgröße), Abbildungsunterschriften (getrennt von den Abbildungen, mit Zeichenerklärungen, Quellenangaben, falls erforderlich, und gegebenenfalls mit einem Vermerk für besondere Wünsche bezüglich der Abbildungsgröße), private und Dienstanschrift der Verfasser mit akademischen Titeln und ausgeschriebenen Vornamen uaf besonderen Blättern ans Ende des Manuskriptes zu stellen;

Wünsche für den Kolumnentitel (Seitenüberschrift) bekanntzugeben;

Absätze durch Einzüge von mindestens 3 Anschlägen kenntlich zu machen;

die Maßeinheiten des SI-Systems ("Systeme International") zu verwenden;

Korrekturen im Manuskript unmittelbar an der zu korrigierenden Stelle anzubringen;

Formeln deutlich lesbar und möglichst groß einzutragen;

Farbabbildungen und nachträgliche Änderungen oder Ergänzungen in Abbildungen zu vermeiden;

hervorzuhebende Textstellen zu unterstreichen, und zwar halbfetten Satz mit einer geraden schwarzen Linie, kursiven Satz (Schrägschrift) mit einer blauen Wellenlinie (alle Eigennamen). Sperrungen gestrichelt;

besondere Buchstaben durch farbige Unterstreichung zu kennzeichnen, und zwar Formelzeichen in

- Griechisch-Kursiv (α, β, ...) rot,
- Kursiv (A, B, ...) blau
- halbfetter Kursiv (***A***, ***B***, ...) 2 Linien blau (Vektoren),
- halbfetter Grotesk (**A**, **B**, ...) 2 Linien violett (Tensoren);

bei Literaturangaben auf Vollständigkeit zu achten. In nachstehender Reihenfolge müssen angegeben sein:

a) bei *Zeitschriften*: Vorname-Initialen und Namen sämtlicher Autoren, Titel der Zeitschrift (nach „Periodica Chimica“ oder möglichst wenig gekürzt), Bandnummer (unterstrichen), Jahreszahl (in Klammern), Heftnummer (nur bei Zeitschriften, die jedes Heft mit S. 1 beginnen) sowie die Seitenzahl, auf der die zitierte Arbeit beginnt.

b) Bei *Büchern*: Initialen der Vornamen und Name des Autors (Herausgeber werden durch den Zusatz „ed.“ gekennzeichnet), voll ausgeschriebener Titel des Buches in der Originalsprache, evtl. Bandnummer, voll ausgeschriebener Name des Verlages, Nummer der Auflage (außer der ersten), Erscheinungsort(e), Erscheinungsjahr (hier nicht in Klammern setzen!) und evtl. Kapitelnummer, Seitenzahl u. ä.

c) bei *Sammelbänden, Tagungsberichten*: Es soll zusätzlich der Titel des zitierten Beitrags angegeben werden. Die Seitenzahl muß unbedingt angegeben werden. Aus dem Zitat muß hervorgehen, ob es sich um einen Tagungssammelband oder um einen noch nicht veröffentlichten Vortrag handelt. Zwischen Tagungsort und Erscheinungsort des entsprechenden Tagungsberichts ist zu unterscheiden.

3. Korrekturen

Der Autor erhält zwei Umbruchabzüge, von denen einer möglichst schnell korrigiert an die Redaktion zurückgereicht werden soll. Auf Wunsch des Autors kann die Korrektur auch von der Redaktion gelesen werden.

Durch nachträgliche Manuskriptänderungen verursachte Korrekturkosten gehen, sofern sie 10% der Satzkosten übersteigen, zu Lasten des Autors.

Der Autor erhält 50 Sonderdrucke kostenlos. Weitere Sonderdrucke können bis zur Rückgabe der Korrekturabzüge auf Kosten des Autors bei der Redaktion bestellt werden.

Bezugsmöglichkeiten

Bestellungen sind zu richten

- **in der DDR** an den Postzeitungsvertrieb unter Angabe der Kundennummer des Bestellenden oder an den AKADEMIE-VERLAG, DDR-1086 Berlin, Leipziger Straße 3–4, PF-Nr. 1233
- **im sozialistischen Ausland** an eine Buchhandlung für fremdsprachige Literatur oder an den zuständigen Postzeitungsvertrieb
- **in der BRD und Berlin(West)** an eine Buchhandlung oder an die Auslieferungsstelle KUNST UND WISSEN, Erich Bieber OHG, D-7000 Stuttgart 1, Wilhelmstraße 4–6
- **in den übrigen westeuropäischen Ländern** an eine Buchhandlung oder an die Auslieferungsstelle KUNST UND WISSEN, Erich Bieber GmbH, CH-8008 Zürich, Dufourstraße 51
- **im übrigen Ausland** an den Internationalen Buch- und Zeitschriftenhandel; den Buchexport, Volkseigener Außenhandelsbetrieb der Deutschen Demokratischen Republik, DDR-7010 Leipzig, Postfach 160; oder an den AKADEMIE-VERLAG, DDR-1086 Berlin, Leipziger Straße 3–4

Zeitschrift „Isotopenpraxis“

Herausgeber: Im Auftrag des Akademie-Verlages herausgegeben von Prof. Dr. Justus Mühlenpfordt

Verlag: Akademie-Verlag, DDR-1086 Berlin, Leipziger Straße 3–4, PF-Nr. 1233; Fernruf: 2236221 oder 2236229; Telex-Nr.: 114420;

Bank: Staatsbank der DDR, Berlin, Kto.-Nr.: 6836-26-20712

Verantwortlich für den Inhalt des Heftes: Prof. Dr. H. Hübner, Leipzig

Anschrift der Redaktion (Fernruf Frau H. Schier: 6351177) der Zeitschrift Isotopenpraxis: Akademie-Verlag, DDR-1086 Berlin, Leipziger Str. 3–4, PF-Nr. 1233

Veröffentlicht unter der Lizenznummer 1527 des Presseamtes beim Vorsitzenden des Ministerrates der Deutschen Demokratischen Republik

Gesamtherstellung: VEB Druckerei „Thomas Müntzer“, DDR-5820 Bad Langensalza

Erscheinungsweise: Die Zeitschrift „Isotopenpraxis“ erscheint monatlich. Die 12 Hefte eines Jahrganges bilden einen Band. Bezugspreis je Band 180,– M zuzüglich Versandspesen (Preis für die DDR 108,– M) Preis je Heft 15,– (Preis für die DDR 9,– M)

Bestellnummer dieses Heftes: 1079/18/12

AN (EDV) 12831

ISOTOPENPRAXIS

Band 18 (1982) Heft 12, S. 409—436

Redaktion und Verlag: Akademie-Verlag, Redaktion Isotopenpraxis, 1086 Berlin, Leipziger Straße 3—4

Inhaltsverzeichnis

P. Krumbiegel

Zur Nomenklatur isotop modifizierter organisch-chemischer Verbindungen

Isotopenpraxis 18 (1982) H. 12, S. 409 bis 412
– Abb., 3 Tab., 11 Lit.

Nach einer kurzen Übersicht über früher vorgeschlagene Nomenklatursysteme werden die wichtigsten der im Jahre 1978 von der IUPAC-Kommission für die Nomenklatur organischer Verbindungen verabschiedeten 35 Regeln zur Nomenklatur isotop modifizierter Verbindungen zusammengestellt und die näher definierten Begriffe einander zugeordnet. Für wichtige Termini werden die englisch- und russischsprachigen Äquivalentbegriffe angegeben. Von einer RGW-Spezialistengruppe erarbeitete ergänzende Regeln werden bekanntgegeben.

P. Junghans, P. Krumbiegel, H. Faust

Zur Symbolik und Definition von Größen und Einheiten in der Isotopenstöchiometrie

Isotopenpraxis 18 (1982) H. 12, S. 413 bis 417
– Abb., 2 Tab., 23 Lit.

Auf der Grundlage des Internationalen Einheitensystems (SI) und der jüngsten IUPAC-Richtlinien zur Symbolik und Terminologie für physikalisch-chemische Größen und Einheiten wird ein Vorschlag unterbreitet, wie die in der Isotopenstöchiometrie (z. B. im Rahmen der Isotopenverdünnungstechnik) benötigten Größen und Einheiten eindeutig und einheitlich bezeichnet und definiert werden sollten. Die enge Verwandtschaft der Isotopenstöchiometrie mit der klassischen Stöchiometrie wird dabei verdeutlicht.

Originalarbeiten

T. Varró, G. Somogyi, M. Najžer, I. Mádi

Untersuchung des Bor-Transports in Pflanzen mit einem mikroradiographischen Verfahren (*in Englisch*)

Isotopenpraxis 18 (1982) H. 12, S. 418 bis 423
5 Abb., 4 Tab., 21 Lit.

Mit Hilfe eines quantitativen mikroradiographischen Verfahrens wurde der Prozeß des passiven Transports von Borat- und Tetraborationen in den Wurzeln von Mohrrüben und in Kartoffelknollen untersucht. Unter Nutzung der Kernreaktion $^{10}B(n, \alpha)^{7}Li$ wurden die Borkonzentrations-Profile, die sich in den Pflanzen entwickeln, nach unterschiedlichen Diffusionszeiten ermittelt. Ein Polykarbonat-Kernspur-Detektor registrierte die ^{7}Li-Kerne und die Alpha-Teilchen. Die Differentialgleichung der linearen Diffusion kombiniert mit der Konvektion wurde genutzt, um die Konzentrations-Profile in den Pflanzen zu beschreiben. Die Diffusionsfaktoren wurden mit Hilfe eines Computer-Programmes bestimmt.

P. Povinec

Szintillations-Gamma-Spektrometrie hoher Genauigkeit (*in Englisch*)

Isotopenpraxis 18 (1982) H. 12, S. 423 bis 428
12 Abb., 2 Tab., 11 Lit.

Die Charakteristik eines Szintillations-Spektrometers, das unter verschiedenen Koinzidenzbedingungen arbeitet, wird untersucht. Ein Vergleich der Ergebnisse zeigt, daß das empfindlichste Verfahren das der Beta-Gamma-Gamma-Spektrometrie ist.
Die erreichte hohe Genauigkeit ermöglicht die Untersuchung seltener Zerfallsprozesse in der Kernphysik, die Durchführung zerstörungsfreier Messung von Nukliden kosmischen Ursprungs in extraterrestrischen Proben, z. B. in Proben aus Mond- und Meteoritengestein, sowie die Messung geringer Radioaktivitätswerte in der Umwelt.

Contents

P. Krumbiegel

On the Nomenclature of Isotopically Modified Compounds

Isotopenpraxis 18 (1982) No. 12, p. 409 to 412
– Fig., 3 Tab., 11 Ref.

After a short review on nomenclature systems earlier proposed the author summerizes the most essential of 35 rules on the nomenclature of isotopically modified compounds given by the IUPAC Commission on Nomenclature of Organic Compounds in 1978. The terms used and defined are attached each other. For some essential terms the equivalent terms in English and Russian are given. Additional rules proposed by a CMEA (Comecon) team are cited.

P. Junghans, P. Krumbiegel, H. Faust

On Symbols and Definitions of Quantities and Units in Isotope Stoichiometry

Isotopenpraxis 18 (1982) No. 12, p. 413 to 417
– Fig., 2 Tab., 23 Ref.

On the basis of the International System of Units (SI) and the recent recommendations of the IUPAC on "Symbols and Terminology for Physicochemical Quantities and Units" a proposal is given on a system of uniform and unambiguous symbols and definitions of quantities and units used in the isotope dilution technique. The close relationship between isotope stoichiometry and common stoichiometry is herein demonstrated.

Articles

T. Varró, G. Somogyi, M. Najžer, I. Mádi

Study of Boron Transport in Plants with a Microradiographic Method (*in English*)

Isotopenpraxis 18 (1982) No. 12, p. 418 to 423
5 Fig., 4 Tab., 21 Ref.

The process of passive transport of borate and tetraborate ions was studied in the root of carrot and in the tuber of potato with a quantitative microradiographic method. The boron concentration profiles developing within the plants were determined after various diffusion times, by utilization of the $^{10}B(n, \alpha)^{7}Li$ nuclear reaction. A polycarbonate nuclear track detector registered the ^{7}Li nuclei and the alpha-particles. The differential equation of linear diffusion combined with convection was used to describe the concentration profiles within the plants. The diffusion coefficients were determined by means of a computer programme.

P. Povinec

High Sensitive Scintillation Gamma-Ray Spectrometry (*in English*)

Isotopenpraxis 18 (1982) No. 12, p. 423 to 428
12 Fig., 2 Tab., 11 Ref.

Characteristics of low level scintillation spectrometer operating in various coincidence modes are reviewed. A comparison of results shows that the most sensitive mode is the beta-gamma-gamma spectrometer. The high sensitivity obtained enables to investigate rare decay processes in nuclear physics, to perform nondestructive measurements of cosmogenic nuclides in extraterrestrial samples, e.g. lunar and meteorite samples, as well as to perform low lovel radioactivity measurements in the environment.

K. Konschak

Kernkraftwerkstechnische Laborpraktika am Zittauer Lehr- und Forschungsreaktor ZLFR

Isotopenpraxis 18 (1982) H. 12, S. 429 bis 433
1 Abb., – Tab., 3 Lit.

Die kernkraftwerkstechnischen Laborpraktika, die am Zittauer Lehr- und Forschungsreaktor ZLFR für verschiedene Nutzer durchgeführt werden, können aus einer Auswahl von etwa zwei Dutzend Versuchen zusammengestellt werden. Je nach dem angestrebten Ausbildungsziel stehen in den Praktika die strahlenschutztechnischen, reaktorphysikalischen oder reaktordynamischen Experimente im Vordergrund. Insgesamt wurde eine enge Bindung zu den spezifischen Problemen eines Kernkraftwerkes hergestellt.

Kurze Originalmitteilungen

S. Halas, A. Shakur, H. R. Krouse

Ein modifiziertes Verfahren zur Extraktion von SO_2 aus Sulfaten für die Isotopenanalyse mit $NaPO_3$ (*in Englisch*)

Isotopenpraxis 18 (1982) H. 12, S. 433 bis 435
2 Abb., 1 Tab., 3 Lit.

Die gesamte Umwandlung eines Sulfats in SO_2 wurde unter Einsatz eines vereinfachten $NaPO_3$-Verfahrens erreicht. Für dieses modifizierte Verfahren werden nur ein Ofen und kleine Quarzampullen zur bequemen Probenbeschickung benötigt.

Informationen

Isotopenpraxis 18 (1982) H. 12, S. 435 bis 436

K. Konschak

Nuclear-Power-Station Laboratory Courses at the Zittau Training and Research Reactor ZLFR

Isotopenpraxis 18 (1982) No. 12, p. 429 to 433
1 Fig., – Tab., 3 Ref.

The nuclear-power-station laboratory courses being held at the Zittau ZLFR training and research reactor for various users may be composed out of a choice of about two dozens of experiments. The courses are focussed on health physics, reactor physics, or reactor dynamics, respectively, as the aim of training may be. Generally, the endeavour was to establish close correlation with the specific problems of the operation of nuclear power stations.

Letters to the Editor

S. Halas, A. Shakur, H. R. Krouse

A Modified Method of SO_2 Extraction from Sulphates for Isotopic Analysis Using $NaPO_3$ (*in English*)

Isotopenpraxis 18 (1982) No. 12, p. 433 to 435
2 Fig., 1 Tab., 3 Ref.

Total conversion of a sulphate to SO_2 was attained using simplified $NaPO_3$ technique. The modified procedure uses only one furnace and small quartz ampoules for a convenient sample loading.

Information

Isotopenpraxis 18 (1982) No. 12, p. 435 to 436

Zur Nomenklatur isotop modifizierter organisch-chemischer Verbindungen

P. Krumbiegel

(Zentralinstitut für Isotopen- und Strahlenforschung, Leipzig, der AdW)[1])

Nach einer kurzen Übersicht über früher vorgeschlagene Nomenklatursysteme werden die wichtigsten der im Jahre 1978 von der IUPAC-Kommission für die Nomenklatur organischer Verbindungen verabschiedeten 35 Regeln zur Nomenklatur isotop modifizierter Verbindungen zusammengestellt und die näher definierten Begriffe einander zugeordnet, Für wichtige Termini werden die englisch- und russischsprachigen Äquivalentbegriffe angegeben. Von einer RGW-Spezialistengruppe erarbeitete ergänzende Regeln werden bekanntgegeben.

Keywords

international agreements; international organisations; isotopes; labelled compounds; recommendations; regulations; standardized terminology

1. Einleitung

Obwohl die „IUPAC Commission on Nomenclature of Organic Chemistry" nach mehreren Entwürfen die „Approved Recommendations 1978" für „Isotopically modified compounds" veröffentlicht hat [1] und eine deutsche Übertragung des IUPAC-Entwurfs 1977 (der nur wenig vom endgültigen Regelwerk abweicht) im „Handbuch zur Anwendung der Nomenklatur organisch-chemischer Verbindungen" von *W. Liebscher* [2] weite Verbreitung fand, werden diese Grundregeln zur Nomenklatur noch nicht konsequent angewandt. Eine der Ursachen ist wohl, daß einige Referateorgane aus Gründen der Kontinuität ihre früher eingeführten und von den neueren Regeln abweichenden Nomenklatursysteme beibehalten haben.

Bemühungen um eine eindeutige Nomenklatur isotop modifizierter Verbindungen gibt es schon lange, wobei das im Jahre 1934 von *Boughton* [3] vorgeschlagene System infolge der Anwendung in den Chemical Abstracts am bekanntesten wurde. Ein Vorschlag zur Angabe der Markierungsadresse in eckigen Klammern kam u. a. bereits 1963 aus dem jetzigen Zentralinstitut für Isotopen- und Strahlenforschung von *Hübner* [8]. In Tab. 1 sind einige Nomenklaturvorschläge einander gegenübergestellt.

Die mitunter gegensätzlichen Bezeichnungsweisen können bereits bei relativ einfachen Verbindungsnamen zu

Tab. 1. Unterschiedliche Vorschläge zur Nomenklatur isotop modifizierter Verbindungen am Beispiel des in der Aminogruppe durch 2 Deuteriumatome isotop modifizierten Methylamins

vorgeschlagene Schreibweise	Autor
Methanamine-d_2	Chemical Abstracts
	Boughton, 1934 [3]
	Crane, 1934 [4]
Methyl-[$^2H_2$]amine	*Thomas, Turner*, 1953 [5]
Methylamine(D_2)	*Kersaint*, 1957 [6]
	IUPAC, 1963 [7]
Methylamin-[D_2]	*Hübner*, 1963 [8]
Methyl [$^2H_2$]amine	IUPAC, 1978 [1]

[1]) Anschrift: DDR-7050 Leipzig, Permoserstr. 15

Mißverständnissen über die tatsächliche Stellung des isotop modifizierten Elements im Molekül führen.

Das Nationalkomitee der DDR in der Internationalen Union für Reine und Angewandte Chemie hat sich den o.g. IUPAC-Empfehlungen angeschlossen. Vom Redaktionsausschuß der „Isotopenpraxis" wurde kürzlich festgelegt, diese Nomenklaturregeln auch für Veröffentlichungen in dieser Zeitschrift für verbindlich zu erklären. Darüber hinaus sollte man generell anstreben, diese Bezeichnungsweise einheitlich anzuwenden.

2. Übersicht über die IUPAC-Regeln 1978

Die „gebilligten Empfehlungen 1978" der IUPAC-Nomenklatur-Kommission [1] umfassen 11 Regeln zu Symbolen, Definitionen und Formeln, 16 Regeln zu den Namen für isotop modifizierte Verbindungen, 3 Regeln zur Numerierung isotop modifizierter Verbindungen und 5 Regeln zur Stellenangabe für die Nuklide in isotop modifizierten Verbindungen.

Die Grundprinzipien dieses Regelwerks, das nahezu alle Markierungsmöglichkeiten berücksichtigt, kann man aus einigen wenigen Regeln erkennen, die dem Isotopenchemiker jederzeit gegenwärtig sein sollten. Für komplizierte Konstellationen müssen die zutreffenden Regeln im Original oder in der deutschen Übersetzung [2] beachtet werden. Grundlage der Regeln ist die Art und Weise, wie die isotope Zusammensetzung einer chemischen Verbindung von der natürlichen abweichen kann, sowie die allgemein akzeptierte Schreibweise der Nuklidsymbole durch Angabe der Massenzahl links oben am Elementsymbol:

- Eine *isotop unmodifizierte* Verbindung hat eine makroskopische Zusammensetzung, bei der die in ihr enthaltenen Nuklide in den in der Natur vorkommenden Verhältnissen vorliegen (Regel 1.21).
- Eine *isotop modifizierte* Verbindung hat eine makroskopische Zusammensetzung, bei der das Isotopenverhältnis der Nuklide mindestens eines Elements meßbar vom natürlichen abweicht. Diese Verbindung kann entweder eine isotop substituierte oder eine isotop markierte Verbindung sein (Regel 1.22).
- In einer *isotop substituierten* Verbindung haben im Grunde genommen *alle* Moleküle *nur* das in jeder bezeichneten Position angegebene Nuklid. Bezeichnet

wird die isotope Substitution in *Formeln* durch Hinzufügen der Massenzahl am betreffenden Elementsymbol und im Verbindungs*namen* durch Voranstellen des entsprechenden Nuklidsymbols in *runden* Klammern ohne Zwischenraum und ohne Bindestrich vor den Verbindungsnamen oder besser vor den Namen des Verbindungsteils mit der isotopen Substitution.
Notwendige Stellenangaben der isotopen Substitution erfolgen innerhalb der Klammer vor dem Nuklidsymbol, von dem sie durch einen Bindestrich getrennt werden (Regeln 1.23, 2.11).

Beispiele:

$CH_3{}^2H$	$(^2H_1)$Methan
$H_2{}^{14}C-COOC_2H_5$ $\vert$ $H_2{}^{14}C-COONa$	Natrium-ethyl-$(2,3\text{-}^{14}C_2)$succinat

Eine *isotop markierte* Verbindung ist ein Gemisch aus einer isotop unmodifizierten und einer (oder mehreren) analogen, aber isotop substituierten Verbindung(en) (Regeln 1.24).

- Isotop markierte Verbindungen können *spezifisch* markiert sein oder auch *selektiv, uniform, allgemein* oder *unbestimmt* markiert sowie *isotop gemindert* („verarmt", abgereichert") sein.
- Spezifisch markierte Verbindungen können *einfach, mehrfach* oder *gemischt* markiert sein.
  Die Struktur*formeln* der spezifisch markierten Verbindungen werden wie üblich geschrieben, wobei aber das entsprechende Nuklidsymbol und mögliche vervielfachende Zahlenangaben in *eckige* Klammern gesetzt werden. Auch die Verbindungs*namen* werden durch analoge Zusätze wie bei den isotop substituierten Verbindungen näher charakterisiert, die jedoch in *eckige* Klammern gesetzt werden. (Regeln 1.25, 2.21).
  Beispiele:

spezifisch und einfach markiert	$CH_3[^2H]$	$[^2H_1]$Methan
spezifisch und mehrfach markiert	$H_2[^{14}C]-COOC_2H_5$ $\vert$ $H_2[^{14}C]-COONa$	Natrium-ethyl-$[2,3\text{-}^{14}C_2]$succinat

- Während eine *spezifisch* markierte Verbindung als Gemisch aus einer einheitlich isotop substituierten und der analogen unmodifizierten Verbindung zu verstehen ist, stellt eine *selektiv* markierte Verbindung formal ein Gemisch aus mehreren definierten isotop substituierten Verbindungen und der analogen isotop unmodifizierten Verbindung dar. Dies wird durch unterschiedliche Schreibweise der Formeln und Namen charakterisiert.
  Beispiele:

$CH^2H_2CH_2OH$ +	CH_3CH_2OH →	$CH[^2H_2]CH_2OH$; $[2,2\text{-}^2H_2]$Ethanol spezifisch markiert
$CH_2{}^2HCH_2OH$ $CH^2H_2CH_2OH$ } + $C^2H_3CH_2OH$ isotop substituiert	CH_3CH_2OH → isotop unmodifiziert	$[2\text{-}^2H]CH_3CH_2OH$; $[2\text{-}^2H]$Ethanol selektiv markiert

Während also bei *spezifisch* markierten Verbindungen Position und Zahl jedes markierenden Nuklids bekannt sind, kennt man bei *selektiv* markierten Verbindungen nur die Position (und bei *unbestimmt* markierten Verbindungen weder Position noch Anzahl) der markierenden Nuklide.

- Die *uniforme* Markierung einer Verbindung unterscheidet sich von der *allgemeinen* Markierung dadurch, daß im ersten Falle alle Positionen des bezeichneten Elements im gleichen Isotopenverhältnis markiert sind (Symbol U vor dem Nuklidsymbol) und im letzteren Falle zwar auch alle bezeichneten Positionen markiert sind, jedoch nicht zwingend im gleichen Isotopenverhältnis (Symbol G). Beide Markierungsarten werden der selektiven Markierung zugerechnet (Regeln 2.61, 2.62).
- Eine *isotop geminderte* Verbindung weist bezüglich des angegebenen Isotops eine geringere relative Häufigkeit auf als in der Natur. Dies wird durch den Vorsatz def vor das Nuklidsymbol — gemeinsam in eckige Klammern gesetzt — beschrieben (Regeln 1.29, 2.51). Sinnvoll erscheint eine solche Angabe nur, wenn es sich um Elemente mit mehr als zwei stabilen Isotopen handelt; denn anderenfalls kann die Angabe auf das korrespondierende angereicherte Isotop bezogen werden, d. h.

  $[\text{def}^{13}C]CHCl_3$ $\quad [^{12}C]HCl_3$

In Tab. 2 sind die hier gebrauchten Begriffe mit Nomenklatur-Beispielen für Formeln und Namen zum Vergleich zusammengestellt.

Seit 1981 gibt es auch gebilligte Empfehlungen der IUPAC-Nomenklatur-Kommission für Anorganische Chemie, die isotop modifizierten anorganisch-chemischen Verbindungen betreffend [9]. Die Regeln sind denen für isotop modifizierte organisch-chemische Verbindungen analog. Es gibt nur wenige Abweichungen, so z. B. die — m. E. glücklichere — Verwendung der Symbole unf und gen anstelle von U und G für uniform und für allgemein markierte anorganische Verbindungen.

3. Begriffsäquivalente in der englischen, deutschen und russischen Sprache

Die Übertragung des englischen Originals der IUPAC-Regeln ins Deutsche bringt einige Besonderheiten mit sich, die vor allem die Zusammenschreibung der Verbindungsnamen betrifft. In der offiziellen Übertragung der Regeln ist z. B. festgelegt, daß weder vor noch nach der in eckigen Klammern stehenden Adresse ein Zwischenraum bestehen bleibt. Die im Englischen getrennt geschriebenen Namensteile einer Verbindung werden im Deutschen durch Bindestriche zusammengefaßt, z. B. Natrium-ethyl-$[2,3\text{-}^{14}C_2]$succinat(engl.: Sodium ethyl $[2,3\text{-}^{14}C_2]$succinate).

Tab. 2. Arten einer isotopen Modifikation und Beispiele für die in den IUPAC-Regeln 1978 vorgeschriebene Schreibweise der Formeln und Namen der isotop modifizierten Verbindungen

Begriffe	Nomenklatur-Beispiele	
	Formel	Name
isotop unmodifiziert	CH_3–CH_2–OH	Ethanol
+		
isotop substitutiert	$C^2H_3CH_2$–O^2H	$(O,2,2,2,\text{-}^2H_4)$Ethanol
↓		
isotop markierte Verbindungen		
— spezifisch		
— einfach	$CH_2[^2H]$–CH_2–OH	$[2\text{-}^2H_1]$Ethanol
— mehrfach	$C[^2H_3]$–CH_2–OH	$[2,2,2\text{-}^2H_3]$Ethanol
— gemischt	$[^{13}C][^2H_3]$–CH_2–OH	$[2\text{-}^{13}C,2,2,2\text{-}^2H_3]$Ethanol
— selektiv	$[2\text{-}^2H]CH_3$–CH_2–OH	$[2\text{-}^2H]$Ethanol
— uniform (U)		$[U\text{-}^{14}C]$Ethanol
— allgemein (G)		$[G\text{-}^3H]$Ethanol
— unbestimmt	$[^2H]CH_3$–CH_2–OH	$[^2H]$Ethanol
isotop gemindert	$[def^{18}O]CH_3$–CH_2–OH	$[def^{18}O]$Ethanol

Der im Englischen vorgeschriebene Kursivdruck der Silbe def oder von Namensteilen innerhalb der Adresse ist im Deutschen nicht vorgegeben [2].

Für die in den IUPAC-Regeln definierten Begriffe für die unterschiedlichen Arten einer isotopen Modifikation werden die in Tab. 3 angegebenen deutschsprachigen Begriffsäquivalente in der dort verwendeten Schreibweise empfohlen. Da bei der Übertragung ins Russische bzw. aus dem Russischen ebenfalls Unsicherheiten hinsichtlich der richtigen Wortwahl auftreten können, sind die russischsprachigen Begriffsäquivalente mit in die Tabelle aufgenommen worden. Die Äquivalenz dieser Begriffe wurde im Rahmen eines Symposiums der RGW-Mitgliedsländer diskutiert [10].

4. Ergänzungsvorschläge zu den IUPAC-Regeln 1978

Bei der Diskussion der IUPAC-Regeln durch eine RGW-Spezialistengruppe im Dezember 1981 wurde u. a. vorgeschlagen, ergänzend zu den Regeln eine Möglichkeit zu schaffen, Bereiche der Markierungshöhe (in Atom-%) anzugeben (> 0 bis 50%, 50 bis 95%, >95%), um damit bestimmten praktischen Erfordernissen nachzukommen. Da jedoch zumeist ein exaktes Meßergebnis der relativen Isotopenhäufigkeit oder der spezifischen Aktivität in der bezeichneten Stellung zur näheren Charakterisierung angegeben wird, erwies sich diese Klassifizierung als entbehrlich.

Tab. 3. Begriffsäquivalente

Englisch (IUPAC)	Deutsch	Russisch
isotopically unmodified compounds	isotop unmodifizierte Verbindungen	немодифицированные соединения
isotopically modified c.	isotop modifizierte V.	модифицированные с.
isotopically substituted c.	isotop substituierte V.	замещенные с.
isotopically labelled c.	isotop markierte V.	меченные с.
specifically labelled c.	spezifisch markierte V.	определенно (специфически) меч. с.
single labelled c.	einfach markierte V.	однократно меч. с.
multiply labelled c.	mehrfach markierte V.	кратно меч. с.
mixed labelled c.	gemischt markierte V.	смешанно меч. с.
selectively labelled c.	selektiv markierte V.	избирательно (селективно) меч. с.
nonselectively labelled c.	unbestimmt markierte V.	неопределенно (неизбирательно) м. с.
isotopically deficient (depleted) c.	isotop geminderte (verarmte, „abgereicherte") V.	изотопно дефицитные с.
generally labelled c. (G)	allgemein markierte V.	общемеченные с.
uniformly labelled c. (U)	einheitlich („gleichmäßig") m. V.	равномерно меченные с.
multiplying subscript	Häufigkeitsindex	индекс кратности
isotopic composition	isotope Zusammensetzung	изотопный состав
isotope ratio	Isotopenverhältnis	изотопное соотношение
labelling nuclide	(modifizierendes) markierendes Nuklid	модифицирущий нуклид

Einige andere Regeln wurden jedoch Bestandteil des Protokolls der Abschlußberatung des o. g. RGW-Gremiums [11], so daß sie hier im Wortlaut der Übersetzung zitiert werden:

Ergänzende Regeln

zu den Grundregeln der IUPAC für die Bezeichnung isotop modifizierter Verbindungen

1. Wenn die Adresse durch den Namen einer charakteristischen Gruppe oder eines Molekülteils ausgedrückt wird (durch eine Wortadresse) und die Markierung innerhalb dieser Gruppe oder des Molekülteils eine Präzisierung der Position erfordert, so erfolgt diese Präzisierung durch eine oder mehrere Stellenangaben oder durch die Angaben G oder U, die hinter der Wortadresse stehen und durch einen Bindestrich von ihr getrennt werden. Diese präzisierte Information ist Bestandteil der Adresse. Wenn nach dieser präzisierten Information eine weitere Adresse folgt, so wird diese durch ein Semikolon davon abgehoben.
   Beispiele:

   [ethyl-1-^{14}C]Ethylbenzen
   [thymin-G-^{3}H]Thymidin
   [thymin-U; 2′, 3′-^{14}C]Thymidin
   [ring-2; 3-$^{14}C_2$]Histidin

2. Wenn die isotope Modifikation zwei oder mehr Positionen betrifft, die nebeneinander mit einer Ziffern- und mit einer Wortadresse bezeichnet werden müssen, so steht die Wortadresse vor der Ziffernadresse, und beide werden durch Komma voneinander getrennt.
   Beispiele:

   [methyl,2-$^{14}C_2$]Thymin
   [amino,1,3-$^{15}N_3$]Adenin

3. Wenn die isotope Modifikation zwei oder mehr Positionen betrifft, die durch zwei oder mehr Gruppennamen (Wortadressen) bezeichnet werden müssen, so werden diese Wortadressen in alphabetischer Reihenfolge angegeben.
   Beispiel:

   n-[carboxy,methoxy-$^{14}C_2$]Anissäure

4. Die Verwendung des Symbols n (in runde Klammern ohne Zwischenräume gesetzt) ist für die Charakterisierung solcher Verbindungen zugelassen, in denen lediglich die überwiegende Verteilung der Markierung bekannt ist.
   Beispiele:

   [9,10(n)-^{3}H]Palmitinsäure
   L-[2(n)-^{3}H]Methionin

Herrn Dr. *W. Liebscher*, Zentralinstitut für organische Chemie der AdW, und Herrn Dr. K. *Heller*, Zentralinstitut für Sprachwissenschaft der AdW, danke ich für fruchtbare Diskussionen.

Eingegangen am 17. 2. 1982

Literatur

[1] IUPAC Commission on Nomenclature of Organic Chemistry: Nomenclature of organic chemistry, Section H: Isotopically modified compounds (First edition) Pure & Appl. Chem. **51** (1979) 353

[2] *W. Liebscher*, ed., Handbuch zur Anwendung der Nomenklatur organisch-chemischer Verbindungen, Berlin: Akademie-Verlag 1979, S. 595–615

[3] *W. A. Boughton*, Naming hydrogen isotopes, Science (Washington) 79 (1934) 159

[4] *E. J. Crane*, Nomenclature of the hydrogen isotopes and their compounds, Science (New York) 80 (1934) 86

[5] *S. L. Thomas, H. S. Turner*, Quart. Rev. (Chem. Soc. London) 7 (1953) 407

[6] *G. Kersaint*, Bull. Soc. chim. France [5] **24** (1957) 53

[7] IUPAC-Inf.-Bull. Nr. **20** (Dez. 1963) 27

[8] *H. Hübner*, Vorschlag zur Nomenklatur isotop markierter chemischer Elemente und Verbindungen, Dritte Arbeitstagung über Stabile Isotope, Leipzig 1963; Abhandl. Dtsch. Akad. Wiss. zu Berlin **1964**, Nr. 7 709–719 Berlin: Akademie-Verlag 1965

[9] IUPAC Commission on Nomenclature of Inorganic Chemistry: Nomenclature of inorganic chemistry: II.1. Isotopically modified compounds (Approved recommendations 1981), Pure & Appl. Chem. **53** (1981) 1887

[10] *V. Dedek*, Zur Bezeichnung isotop markierter Verbindungen, Proc. II. Symposium der RGW-Mitgliedsländer über radioaktiv markierte organische Verbindungen, 8.–11. 12. 1981 Leningrad, Vortrag Nr. 03

[11] Protokoll einer Spezialistenberatung der RGW-Mitgliedsländer über Regeln zur Bezeichnung isotop markierter organischer Verbindungen, Leningrad, Dezember 1981, Anlage 2

Zur Symbolik und Definition von Größen und Einheiten in der Isotopenstöchiometrie

P. Junghans, P. Krumbiegel, H. Faust

(Zentralinstitut für Isotopen- und Strahlenforschung der Akademie der Wissenschaften der DDR)[1])

Auf der Grundlage des Internationalen Einheitensystems (SI) und der jüngsten IUPAC-Richtlinien zur Symbolik und Terminologie für physikalisch-chemische Größen und Einheiten wird ein Vorschlag unterbreitet, wie die in der Isotopenstöchiometrie (z. B. im Rahmen der Isotopenverdünnungstechnik) benötigten Größen und Einheiten eindeutig und einheitlich bezeichnet und definiert werden sollten. Die enge Verwandtschaft der Isotopenstöchiometrie mit der klassischen Stöchiometrie wird dabei verdeutlicht.

Keywords

isotope applications; isotope dilution analysis; isotope ratio; recommendations; stable isotopes; standardized terminology; stoichiometry; tracer techniques

1. Einleitung

Die Tatsache, daß es für die Anwendung von Symbolen und Bezeichnungen für Größen und Begriffe der Stöchiometrie isotop markierter chemischer Verbindungen (Isotopenstöchiometrie) international oder national abgestimmte Richtlinien bis heute noch nicht gibt, führte zu einer teilweise verwirrenden Vielfalt solcher Symbole in der Literatur. So werden z. B. für die physikalische Meßgröße „relative Häufigkeit des Isotops" (für die übrigens auch die Begriffe „Isotopenkonzentration" [1] oder „Isotopengehalt" [2] anzutreffen sind) mindestens vier verschiedene Symbole verwendet:

c [3–5]
γ [6]
a [7–9]
A [10].

Diese Situation kann die Ursache dafür sein, daß es bei der Planung und Auswertung von Markierungsexperimenten mit stabilen Isotopen auf der Grundlage der Isotopenverdünnungstechnik zu Mißverständnissen oder Unkorrektheiten kommt, wenn außerdem die molaren Massen der stabilen Isotope nicht hinreichend berücksichtigt werden (z. B. [11, 12, 23]).

Auf der Grundlage der nunmehr verbindlichen SI-Einheiten [13] und der jüngsten Richtlinien der IUPAC zur Symbolik und Terminologie für physikalisch-chemische Größen und Einheiten [14] wird im folgenden ein Vorschlag unterbreitet, wie die wichtigsten Größen und Einheiten in der Isotopenstöchiometrie einheitlich und eindeutig bezeichnet und definiert werden sollten.

2. Symbole

Aufbauend auf den o. g. IUPAC-Richtlinien [14] ist es das Anliegen unseres Vorschlages, für isotopenspezifische Größen eigene Grundsymbole zu vermeiden, wie beispielsweise ein Symbol M – das gemäß IUPAC der molaren Masse vorbehalten ist – für die Masse m eines Isotops als Bestandteil einer chemischen Verbindung [22]. Durch zusätzliche Verwendung von Indizes sind vielmehr die international üblichen und von der IUPAC empfohlenen Basissymbole, wie n, m und M auf die Isotopenstöchiometrie übertragbar. Für die in den IUPAC-Empfehlungen nicht vorgesehene Größe „relative Häufigkeit eines Isotops" könnte im Grunde das Symbol x – für Stoffmengenverhältnis bzw. Molenbruch [14] – benutzt werden. Es erscheint jedoch im Falle dieser Größe gerechtfertigt, in Anlehnung an das anglo-amerikanische Schrifttum das eigenständige Symbol a (von abundance, Häufigkeit) zu verwenden.

Die zu empfehlenden Symbole und Namen der in der Isotopenstöchiometrie benötigten Größen und zugehörigen Einheiten sind in Tab. 1 zusammengestellt. Als Grundlage dienen die – von a abgesehen – aus der klassischen Stöchiometrie bekannten Größen und Einheiten. Die am Beispiel des ^{15}N abgehandelten Varianten sind sinngemäß auf andere stabile Isotope übertragbar.

Im Zusammenhang mit der Einführung der SI-Einheiten [13, 14] muß die erweiterte Bedeutung des Begriffes „Mol" beachtet werden. Als eine der Basiseinheiten ist das Mol bekanntlich definiert als diejenige Stoffmenge eines Systems, die aus so vielen Elementareinheiten besteht, wie in 0,012 kg des Kohlenstoffisotops ^{12}C Atome enthalten sind. Diese Elementareinheiten können Atome, Moleküle, Ionen, Elektronen, andere Teilchen oder spezifische Gruppen solcher Teilchen sein [14].

3. Definitionen und Relationen

Die im folgenden aufgeführten Gleichungen sind entsprechend den IUPAC-Richtlinien [14] als Größengleichungen zu betrachten:

	Meßgröße	=	Zahlenwert	Einheit
z. B.	n	=	0,2	mol

Der Vorteil des Größenkalküls liegt einmal in der Unabhängigkeit der Meßgröße von der verwendeten Einheit (z. B. $n = 0{,}2$ mol $= 200$ mmol), zum anderen ist eine Kontrolle der Größengleichungen anhand der Einheiten möglich.

Durch Umordnung der Größengleichung in

Meßgröße/Einheit = Zahlenwert

– wobei vorteilhaft auch entsprechende Potenzen von 10 in die mathematische Operation einbezogen werden können – ergibt sich eine Möglichkeit für die einfache

[1]) Anschrift: 7050 Leipzig, Permoserstr. 15

Tab. 1. Symbole für ausgewählte Größen und Einheiten in der Isotopenstöchiometrie

	Größenart	Einheit	
Symbol	Name	Symbol	Name
a	relative Häufigkeit (eines Isotops) engl.: relative abundance	$1 = \frac{\mathrm{mol}}{\mathrm{mol}}$ % (= 10^{-2}) oder Atom-% bzw. At.-% ‰ (= 10^{-3}) ppm (= 10^{-6})	Eins $= \frac{\mathrm{Mol}}{\mathrm{Mol}}$ Prozent oder Atomprozent Promille Millionstel
$a_1, a_2, \ldots$	relative Häufigkeit eines Isotops in der chemischen Verbindung 1, 2, ...		
a_0	natürliche relative Häufigkeit eines Isotops		
$a_1', a_2', \ldots$	relative Exzeßhäufigkeit eines Isotops in der chemischen Verbindung 1, 2, ...		
$a(^{15}\mathrm{N}), a(^{13}\mathrm{C}), a(^{18}\mathrm{O}), \ldots$ oder: $a(15), a(13), \ldots$	relative Häufigkeit des Stickstoffisotops ^{15}N, des Kohlenstoffisotops ^{13}C, des Sauerstoffisotops ^{18}O,...		
n	Stoffmenge engl.: amount of substance	mmol µmol nmol	Mol
$n_1, n_2, \ldots$	Stoffmenge der chemischen Verbindung 1, 2, ...		
$n_{\mathrm{N}}, n_{\mathrm{C}}, \ldots$ bzw. $n(\mathrm{N}), n(\mathrm{C}), \ldots$	Stoffmenge des chemischen Elements N, C, ...		
$n_{\mathrm{N},1}, n_{\mathrm{N},2}, \ldots$ bzw. $n_1(\mathrm{N}), n_2(\mathrm{N}), \ldots$	Stoffmenge des chemischen Elements N in der Verbindung 1, 2, ...		
$n^{15}\mathrm{N}), n(^{14}\mathrm{N}), \ldots$ bzw. $n(15), \ldots$	Stoffmenge des Isotops ^{15}N, ^{14}N, ...		
$n'(^{15}\mathrm{N}), n'(^{14}\mathrm{N}), \ldots$	Exzeßstoffmenge des Isotops ^{15}N, ^{14}N, ...		
M	molare Masse *) engl.: molar mass	(kg/mol) g/mol	(Kilogramm je Mol) Gramm je Mol
$M_1, M_2, \ldots$	molare Masse der chemischen Verbindung 1, 2, ...		
$M_{\mathrm{N}}, M_{\mathrm{C}}, \ldots$ bzw. $M(\mathrm{N}), M(\mathrm{C}), \ldots$	molare Masse des chemischen Elements N, C, ...		
$M(^{15}\mathrm{N}), M(^{14}\mathrm{N}), \ldots$	molare Masse des Isotops ^{15}N, ^{14}N, ...		
M_{R}	molare Masse der Verbindung ohne das (die) markierte(n) Atom(e)		
m	Masse engl.: mass	(kg) g mg, µg, ng	(Kilogramm) Gramm
$m_1, m_2, \ldots$	Masse der chemischen Verbindung 1, 2, ...		
$m_{\mathrm{N}}, m_{\mathrm{C}} \ldots$ bzw. $m(\mathrm{N}), m(\mathrm{C}), \ldots$	Masse des chemischen Elements N, C, ...		
$m(^{15}\mathrm{N}), m(^{14}\mathrm{N}), \ldots$	Masse des Isotops ^{15}N, ^{14}N, ...**)		

	Größenart	Einheit	
Symbol	Name	Symbol	Name
w	Massenanteil (Massengehalt, Massenbruch) engl.: mass fraction	$1 = \frac{g}{g}$ %, ‰, ppm	Eins = $\frac{\text{Gramm}}{\text{Gramm}}$
$w_1, w_2, \ldots$	Massenanteil der chemischen Verbindung 1, 2, ...		
$w_N, w_C, \ldots$ bzw. $w(N), w(C), \ldots$	Massenanteil des chemischen Elements N, C, ...		
$w(^{15}N), w(^{14}N), \ldots$	Massenanteil des Isotops ^{15}N, ^{14}N, ...		
c, [ ]	Stoffmengenkonzentration, Molarität engl.: amount-of-substance concentration, molarity	(mol/m³) mol/l mmol/l µmol/l nmol/l	(Mol je Kubikmeter) Mol je Liter
$c_1, c_2, \ldots$	Stoffmengenkonzentration der chemischen Verbindung 1, 2, ...		
$c_N, c_C, \ldots$ bzw. $c(N), c(C), \ldots$ bzw. [N], [C]	Stoffmengenkonzentration des chemischen Elements N, C, ...		
$c(^{15}N), c(^{14}N), \ldots$ bzw. $[^{15}N], [^{14}N], \ldots$	Stoffmengenkonzentration des Isotops ^{15}N, ^{14}N, ...		
V	Volumen	(m³) l	(Kubikmeter) Liter

*) Die relativen Atom- bzw. Molekülmassen A_r bzw. M_r mit der Einheit 1 [14] werden bei den nachfolgenden Definitionen und Relationen nicht verwendet.

**) Diese makroskopische Größe „Masse" muß von der Masse im atomaren Bereich (Symbolvorschlag: m^*) unterschieden werden. Der Zusammenhang zwischen beiden Größen besteht über die Teilchenzahl N (Größenordnung: 10^{24}), z. B. $m(^{13}C) = N(^{13}C) \cdot m^*(^{13}C)$.

Tab. 2. Beispiele für die Bezeichnung von Tabellenköpfen und Achsen in graphischen Darstellungen

empfohlene Schreibweise [14]	weitere (z. T. nicht empfehlenswerte) Schreibweisen
$\frac{n}{\text{mol}}$; n/mol; $n \cdot \text{mol}^{-1}$	mol; n(mol)
$c\frac{\text{l}}{\text{mol}}$; $c \cdot \text{l} \cdot \text{mol}^{-1}$	mol/l, M; c(mol/l); $c(\text{mol} \cdot \text{l}^{-1})$
$\frac{w}{\%}$; w/%	%, Gew.-%; w(%)
$\frac{a \cdot (15)}{\%}$; $a'(15)$/% $\left(\text{oder auch } \frac{a'(15)}{\text{Atom-\%}};\ a'(15)/\text{Atom-\%}\right)$	Atom-% ^{15}N exc.; ^{15}N' (Atom-%)
$\frac{a'(13)}{\%} \cdot 10^3 \left(\text{oder auch } \frac{a'(13)}{\text{Atom-\%}} \cdot 10^3\right)$	(Atom-% ^{13}C exc.)10^3 *)

*) Bei einer solchen Schreibweise können Unklarheiten hinsichtlich des Vorzeichens des Exponenten entstehen.

und eindeutige Bezeichnung von Tabellenköpfen und Achsen graphischer Darstellungen [14, 15, 18].

Diese aus der Größendefinition abgeleitete Schreibweise wird bisher vorwiegend in physikalisch-chemischen Publikationen (z. B. in Ber. Bunsenges. Phys. Chem., Z. phys. Chem. u. a.) angewandt. Sie sollte der z. Z. noch häufig benutzten Darstellung — Angabe nur der Einheit oder der Einheit in runden bzw. eckigen Klammern hinter dem Größensymbol — vorgezogen werden (Tab. 2).

3.1. *Relative Häufigkeit eines Isotops a* (1 = mol/mol)

Die relative Häufigkeit eines Isotops, kurz Isotopenhäufigkeit genannt, ist definiert als das Verhältnis zwischen der Menge dieses Isotops (in mol) und der Summe der Mengen der Isotope, aus denen das Element aufgebaut ist.

Für die relative Häufigkeit des Isotops ^{15}N (^{15}N-Häufigkeit) gilt somit:

$$a(15) = \frac{n(15)}{n(14) + n(15)} = \frac{n(15)}{n_N} \quad (1)$$

Diese Definition entspricht der des Stoffmengenanteils bzw. Molenbruchs (engl.: mole fraction) x in der physikalischen Chemie.

Die üblich gewordene Angabe der relativen Häufigkeit eines Isotops in Atom-% steht im Widerspruch zu den IUPAC- und den TGL-Richtlinien [13, 14], nach denen erläuternde Zusätze an den Einheitensymbolen, wie mg%, Gew.-% u. a. unzulässig sind. Der Zusatz „Atom-" ist auch entbehrlich, sofern aus dem Zusammenhang (d. h. exakte verbale oder symbolhafte Angabe der Größenart) eine Verwechslung mit andersartigen Prozentangaben (wie Massenanteil, relativer Fehler etc.) ausgeschlossen ist. Es wäre deshalb zu überlegen, ob man künftig auf den Zusatz „Atom-" zum Prozentzeichen verzichten kann (vgl. Tab. 2).

Da in der Isotopenanalytik meist nur derjenige Anteil der Isotopenhäufigkeit, -menge oder -masse interessiert, der sich von der natürlichen isotopen Zusammensetzung des jeweiligen Elements unterscheidet, rechnet man häufig mit Exzeßgrößen. Die ^{15}N-Exzeßhäufigkeit $a'(15)$ ist definiert als die Differenz zwischen der gemessenen relativen ^{15}N-Häufigkeit $a(15)$ und der natürlichen relativen ^{15}N-Häufigkeit $a_0(15)$:

$$a'(15) = a(15) - a_0(15) \quad (2)$$

$a_0(15) = 0{,}00366$ (= 0,366% oder Atom-% für den Stickstoff der Luft)

Weitere Exzeßgrößen sind dementsprechend:

$$n'(15) = n(15) - n_0(15) \quad (3)$$

bzw.

$$m'(15) = m(15) - m_0(15) \quad (4)$$

Die Angabe des „Überschusses" bzw. „Exzesses" sollte nicht im Einheiten-Symbol, sondern im Namen bzw. im Symbol der Größenart erfolgen, d. h. beispielsweise nicht als „^{15}N-Häufigkeit $a(15)$ in Atom-% Exzeß", sondern als „^{15}N-Exzeßhäufigkeit $a'(15)$ in %" (oder: „. . . . in Atom-%").

3.2. *Stoffmenge n* (mol)

Da die Stoffmenge n das Verhältnis aus der Masse und der molaren Masse einer definierten chemischen Einheit ist,

$$n = \frac{m}{M} \quad (5)$$

ergibt sich die Stoffmenge eines Elements, z. B. des Stickstoffs n_N als:

$$n_N = \frac{m_N}{M_N} \quad (6)$$

und für die Stoffmenge des Isotops ^{15}N bzw. ^{14}N folgt:

$$n(15) = \frac{m(15)}{M(15)} \text{ bzw.} \quad (7a)$$

$$n(14) = \frac{m(14)}{M(14)} \quad (7b)$$

3.3. *Molare Masse M* (g/mol)

Die molare Masse einer isotop markierten chemischen Verbindung ergibt sich bekanntlich aus der Addition der molaren Massen der Atome der isotop unmodifizierten Elemente und der anteiligen molaren Massen der Isotope derjenigen Elemente, deren isotope Zusammensetzung von der natürlichen abweicht. Es gilt somit für eine ^{15}N-markierte Verbindung:

$$M = M_R + zM_N \quad (8)$$

z: Anzahl der Stickstoffatome im Molekül mit gleicher ^{15}N-Häufigkeit

Die molare Masse des ^{15}N-markierten Stickstoffs errechnet sich nach:

$$M_N = a(15)\, M(15) + (1 - a(15))\, M(14) \quad (9)$$

Wenn die ^{15}N-Häufigkeit in % verwendet wird, muß Gl. (9) entsprechend modifiziert werden:

$$M_N = \frac{a(15)}{100} M(15) + \frac{100 - a(15)}{100} M(14) \quad (9a)$$

Entsprechend gilt z. B. für eine ^{18}O-markierte Verbindung unter Berücksichtigung der beiden anderen Sauerstoffisotope ^{16}O und ^{17}O:

$$M_O = a(16)\, M(16) + a(17)\, M(17) + a(18)\, M(18) \quad (10)$$

mit

$$a(16) + a(17) + a(18) = 1$$

3.4. *Massenanteil w* (*1* = g/g)

Der Massenanteil, auch Massengehalt bzw. Massenbruch genannt, ergibt sich z. B. für ^{15}N-markierten Stickstoff als Bestandteil einer chemischen Verbindung folgendermaßen:

$$w_N = \frac{zM_N}{M} = \frac{m_N}{m} \quad (11)$$

z: Anzahl der Stickstoffatome im Molekül mit gleicher ^{15}N-Häufigkeit

Der von mehreren Autoren [15, 16] verwendete Begriff „Massenverhältnis" für den in den IUPAC-Richtlinien [14] enthaltenen Begriff „mass fraction" (Symbol: w) ist unkorrekt (siehe auch [18]). Während nämlich das „Massenverhältnis" — diesem sollte im Englischen „mass ratio" entsprechen — Werte zwischen 0 und ∞ annehmen kann, ist der hier definierte Begriff „Massenanteil" auf den Wertebereich von 0 bis 1 beschränkt.

3.5. *Masse m* (g)

Die Masse eines *Elements*, z. B. des ^{15}N-markierten Stickstoffs m_N als Bestandteil einer chemischen Verbindung mit der Masse m, ergibt sich aus Gl. (11):

$$m_N = w_N \cdot m \quad (11a)$$

Die Masse des *Isotops* ^{15}N $m(15)$ — im makroskopischen Bereich — erhält man durch Einsetzen der Gl. (7a) und (7b) in Gl. (1) nach Umformung:

$$m(15) = \frac{M(15) \cdot a(15) \cdot m_N}{M(14) + [M(15) - M(14)]\, a(15)} \quad (12)$$

Bei Verwendung von $a(15)$ in % ist Gl. (12) durch Erweiterung des Zählers und des Nenners mit 100 zu modifizieren.

Die *Exzeßmasse des Isotops* ^{15}N $m'(15)$ erhält man, wenn in Gl. (12) die im Zähler stehende ^{15}N-Häufigkeit $a(15)$ durch die ^{15}N-Exzeßhäufigkeit $a'(15)$ ersetzt wird.

3.6. *Stoffmengenkonzentration* c, [ ] (mol/l)

Die Stoffmengenkonzentration (kurz: Konzentration) bzw. Molarität einer chemischen Substanz entspricht bekanntlich dem Verhältnis aus der Stoffmenge dieser Substanz und dem Volumen der diese Substanz enthaltenden Lösung:

$$c = \frac{n}{V} \tag{13}$$

Die Stoffmengenkonzentration *eines Elements*, z. B. Stickstoff c_N, ergibt sich dementsprechend zu:

$$[\mathrm{N}] \text{ bzw. } c_N = \frac{n_N}{V} \tag{14}$$

und die Stoffmengenkonzentration *des Isotops* ^{15}N zu:

$$[^{15}\mathrm{N}] \text{ bzw. } c(15) = \frac{n(15)}{V} \tag{15}$$

Weitere Definitionen und Relationen, die allerdings über die einfache Isotopenstöchiometrie hinausgehen, sowie Anwendungsbeispiele für die in Tab. 1 empfohlenen Symbole sind in den Arbeiten [19—21] enthalten.

4. Schluß

Die Isotopenstöchiometrie hat mit der zunehmenden Meßgenauigkeit für stabile Isotope sowohl im Rahmen der Isotopenverdünnungstechnik als auch der Tracerkinetik an Bedeutung gewonnen. In der Tracertechnik werden allerdings aufgrund der oft komplizierten mathematischen Ausdrücke zum Teil andere, vereinfachte Symbole angewandt [7].

Wenn auch die Isotopenstöchiometrie zunächst eine notwendige Besonderheit des Arbeitens mit stabilen Isotopen ist, so lassen sich die oben angegebenen Symbole und Definitionen auch auf radioaktive Isotope übertragen, wenn diese im Sinne der Isotopenverdünnungstechnik eingesetzt werden. So geben z. B. *Brownell* u. a. [7] eine Definition der spezifischen Aktivität an, die deren Analogie zur relativen Isotopenhäufigkeit ausdrückt:

$$a(\mathrm{X}^*) = \frac{n(\mathrm{X}^*)}{n(\mathrm{X}^*) + n(\mathrm{X})} \approx \frac{n(\mathrm{X}^*)}{n(\mathrm{X})} \tag{16}$$

(wegen $n(\mathrm{X}^*) \ll n(\mathrm{X})$)

X* radioaktives Isotop
X zugrundeliegendes inaktives Element

Die vorstehenden Ausführungen sollten zeigen, daß eine Ableitung der Symbole für die Isotopenstöchiometrie von den Symbolen der entsprechenden physikalisch-chemischen Meßgrößen [14, 16, 17] deren logischen Zusammenhang verdeutlicht, die Einführung neuer, eigener Symbole weitestgehend überflüssig macht und Mißverständnisse bei der Anwendung vermeiden hilft.

Eingegangen am 30. 3. 1982

Literatur

[1] *W. W. C. Read, D. S. McLaren, M. Tchalian, S. Nassar,* J. Clin. Invest. 48 (1969) 1143
[2] *R. W. E. Watts, J. C. Crawhall,* Biochem. J. 73 (1953) 277
[3] *H. Hübner, W. Rolle,* Isotopenpraxis 2 (1966) 197
[4] *P. Krumbiegel, H. Hübner, W. Rolle,* Isotopenpraxis 12 (1976) 205
[5] *H. Faust, G. Müller, H.-J. Störl,* Isotopenpraxis 12 (1976) 205
[6] *K. Krawielitzki,* Isotopenpraxis 9 (1973) 171
[7] *G. L. Brownell, M. Berman, J. S. Robertson,* Internat. J. Appl. Rad. Isotopes 19 (1963) 249
[8] *J. A. Jacquez,* Compartmental Analysis in Biology and Medicine: Kinetics of Distribution of Tracer-labelled Materials, Amsterdam: Elsevier 1972
[9] *M. Berman, E. Shahn, H. F. Weiss,* Biophys. J. 2 (1962) 275
[10] *W. W. Ratschinski,* bearbeitet von *M. Drauschke* und *W. Drauschke,* Isotope und Strahlenquellen in der Landwirtschaft Berlin: VEB Deutscher Landwirtschaftsverlag 1979
[11] *C. W. Crane, A. Neuberger,* Biochem. J. 74 (1960) 313
[12] *G. Jahreis, K. Gruhn,* Arch. Tierernährung 26 (1976) 387
[13] Einheiten physikalischer Größen, DDR-Standard, TGL 31548 vom März 1979, verbindl. ab 1. 1. 1980
[14] *D. H. Whiffen,* Manual of Symbols and Terminology for Physicochemical Quantities and Units, Pure Appl. Chem. 51 (1979) 1
[15] Recommendations for Measurement and Presentation of Biochemical Equilibrium Data, J. Biol. Chem. 251 (1976) 6879
[16] *G. Gundlach, A. Dillmann,* Hoppe-Seyler's Zeitschr. Physiol. Chem. 358 (1977) X-XIV
[17] *K. Kretschmer,* Biochemie-Informationen 1 (1978) 5
[18] *W. A. Stein,* Chemiker-Ztg. 105 (1981) 67
[19] *H. Faust, H. Bornhak, K. Hirschberg, K. Jung, P. Junghans, P. Krumbiegel, R. Reinhardt,* ZfI-Mitteilungen 36 (1981) 7
[20] *H. Faust, H. Bornhak, K. Hirschberg, K. Jung, P. Junghans, P. Krumbiegel,* ^{15}N-Anwendung in der Biochemie, Landwirtschaft und Medizin, ISOCOMMERZ-Schriftenreihe Heft 5, Berlin 1981
[21] *H. Faust,* ed., FAO/IAEA – Interregional Training Course on the Use of ^{15}N in Soil Science and Plant Nutrition, Training Manual, ZfI-Mitteilungen 38 (1981) 10
[22] *Z. Frydrych,* Biol. Chem. Vyzivy Zviřat 3 (1971) 223
[23] *H. D. Hoberman,* J. Biol. Chem. 188 (1951) 797

Originalarbeiten

Study of Boron Transport in Plants with a Microradiographic Method

T. Varró[1]), *G. Somogyi*[2]), *M. Najžer*[3]), *I. Mádi*[1])

([1]) Isotope Laboratory, L. Kossuth University, Debrecen, Hungary; [2]) Institute of Nuclear Research, Debrecen, Hungary; [3]) Josef Stefan Institute, Ljubljana, Yugoslavia)

The process of passive transport of borate and tetraborate ions was studied in the root of carrot and in the tuber of potato with a quantitative microradiographic method. The boron concentration profiles developing within the plants were determined after various diffusion times, by utilization of the $^{10}B(n, \alpha)\,^7Li$ *nuclear reaction. A polycarbonate nuclear track detector registered the* ^7Li *nuclei and the alpha-particles. The differential equation of linear diffusion combined with convection was used to describe the concentration profiles within the plants. The diffusion coefficients were determined by means of a computer programme.*

Keywords

autoradiography; boron; cell membranes; dielectric track detectors; diffusion; particle tracks; plant growth

1. Introduction

Micronutrients are of great importance in the development of plants, as they have a decisive influence on the enzyme reactions involved in the plant metabolism and exert strong physiological effects even in very small amounts. *Mengel* [1] reports that, under Central European conditions, boron is the most important of the microelements as regards the development, quality and yield of cultivated plants. Insofar as its physiological effect is concerned, boron differs fundamentally from the other microelements. It plays important roles in the energy metabolism and in the household of the growth substances, and hence influences the protein and nucleic acid syntheses, the carbohydrate metabolism, the differentation of the meristem cells and the fine structure of the cell walls, and it also promotes the process of fertilization of plants [2].

It was assumed by *Schmucker* [3] that the borate ions interact with organic compounds in the cell walls to form substances which enhance the stability of the cell walls and promote the development of the fine structure. *Sisler* et al. [4], *Odhnoff* [5] and *Jakowlewa* [6] state that boron is an indispensable structural element of the tissues, for in the case of a deficient boron nutrition disturbances arise in the physiological processes of the plant. *Bussler* [7] observed enhanced cell division, inhibited cell differentiation and consequent cell growth abnormalities in the event of a boron deficiency.

A boron deficiency always shows up on the youngest leaves and shoots and on the growing tips of the roots, and gives rise to the chlorotic discolouration of the youngest leaves, the wilting of the buds and shoots, the fragility of the leaves and the suberinization of the root and stalk.

Numerous domesticated plants (beet, Papilionaceae, grape) require systematic boron fertilization [8]. The plant takes up the boron mainly in the form of boric acid and borate; its ability to do this is lower in soils of higher *p*H.

Eaton [9] found that boron is transported slowly in plants. It is a frequent experience that the boron content of a plant decreases in the upward direction. *Mengel* [1] states that plants absorb boron very easily, and over-administration of boron may therefore readily cause toxic damage. In the event of an abundant boron supply, the boron is accumulated in the leaf tips.

Very little information exists on the transport of boron in plants, and even the qualitative information available is contradictory. We therefore set out to obtain quantitative data on the process of boron transport in various plants using a microradiographic method.

2. Transport processes in plant membrane systems

In plant membrane systems three fundamental transport processes can be distinguished:

- The process of *material flow* in the transport fascicles of the phloem and the xylem, the rate of which may attain 35 – 70 cm/h.
- The *active ion transport*, which may even be in the opposite direction to the chemical potential gradient. The energy necessary for the active ion transport is supplied by biological energy (e.g. adenosine triphosphate).
- The *passive ion transport*, which takes place in the direction of decreasing chemical potential.

The subject of our investigations is the passive ion transport, which conducts the nutrients from the external cover tissues through the intercellular ducts and cell walls by diffusion to the cytoplasm or to the transport system.

3. Membrane models

The passive ion transport processes in plants display numerous similarities with the transport processes taking place in ion-exchange membranes. Therefore, we employ the "fine-pore" and the "fixed-charge" membrane model to describe the passive material transport processes occurring in plant membrane systems. The description of these processes in membranes is based on the *Nernst-Planck* equation of motion. This equation was first solved by

[1]) Address: H-4001, Debrecen, Bem tér 18/c, Pf. 51

Teorell [10], and the material flow was introduced into it by *Schlögl* [11].

In "fixed-charge" membrane systems, and thus in plants, the transport of the ions is influenced to a great extent by the sorption and desorption of the ions on the functional groups. If these processes are taken into consideration, then the distribution of the ions with respect to position and time is described by the relation

$$\frac{\partial c}{\partial t} = D_1 \frac{\partial^2 c}{\partial x^2} + D_1 z \bar{X} \frac{\partial^2 \psi}{\partial x^2} - v \frac{\partial c}{\partial x} - \frac{m}{p} \frac{\partial a}{\partial t} \quad (1)$$

where D_1, c and z are diffusion coefficient, concentration and valency of the ion, $\bar{X}$ is the concentration of functional groups, v the rate of material flow, x the position coordinate, and ψ the electric potential, m the mass of membrane phase of unit volume, p is the porosity of the membrane (the pore volume referred to unit volume of the membrane), a is the specific amount of material sorbed, and t is the time of transport.

Insofar as the ion sorption process can be described by a linear isotherm, eqn. (1) may be reduced to a simpler form:

$$\frac{\partial c}{\partial t} = D \frac{\partial^2 c}{\partial x^2} - u \frac{\partial c}{\partial x} + D z \bar{X} \frac{\partial^2 \psi}{\partial x^2} \quad (2)$$

where the distribution coefficient is $q = \mathrm{m.a/pc}$ and, as a consequence of the ion sorption on the functional groups, the rate of flow is modified to $u = v/(1 + q)$ and the diffusion coefficient to $D = D_1/(1 + q)$.

In plant membrane systems the concentration ($\bar{X}$) of the functional groups is low [12, 13], and hence the last term in eqn. (2) can be omitted and we can have the relation

$$\frac{\partial c}{\partial t} = D \frac{\partial^2 c}{\partial x^2} - u \frac{\partial c}{\partial x} \quad (3)$$

Equation (3) is the equation of linear diffusion combined with convection. By means of the transformation

$$c = c^* \exp\left(\frac{ux}{2D} - \frac{u^2 t}{4D}\right) \quad (4)$$

it can be traced back to *Fick's* second law:

$$\frac{\partial c^*}{\partial t} = D \frac{\partial^2 c^*}{\partial x^2} \quad (5)$$

At a constant surface area concentration c_0 of the ions, if the limiting conditions

$$c^* = c_0 \quad \text{if} \quad x = 0 \quad \text{and} \quad t \geqq 0$$
$$c^* = 0 \quad \text{if} \quad x > 0 \quad \text{and} \quad t = 0$$

are satisfied, the solution of *Fick's* second law for a semi-infinite diffusion body [14] is:

$$c^* = c_0 \operatorname{erfc} \frac{x - ut}{2\sqrt{Dt}} \quad (6)$$

On the basis of relation (6), a computer programme was prepared with which the parameters (c_0, u, D) of the ion diffusion best fitting the experimental results can be determined.

4. Materials and method

The passive transport of borate and tetraborate ions was studied in the root of carrot and the tuber of potato. The importance of this study is shown by the fact that both of these plants require boron. The potato tuber e.g. can have a high starch content, only if the plants receive a satisfactory supply of boron. The boron deficiency, however, may give rise to different diseases of plants. The best-known disease due to a boron deficiency is the heart-rot and dry-rot of beet [15].

Before starting ion transport investigations, the initial boron contents of the carrot root and the potato tuber were determined. This was carried out by an emission spectrographic method, with a Zeiss Q-24 medium-dispersion quartz spectrograph, with mains A.C. arc-excitation (current strength: 10 A; exposure time: 2 min; spectrographic plate: Agfa-Gevaert 34 B 50; wave length: 249.773 nm). The boron contents of the plants under examination were found to be 30–50 ppm for dry matter. It may be noted that *Syworotkin* [16] found a similar boron content in beet: 49.2 ppm. We next determined the boric acid and sodium tetraborate solution concentrations at which a saturation boron concentration 100 times higher than the initial value is developed in the

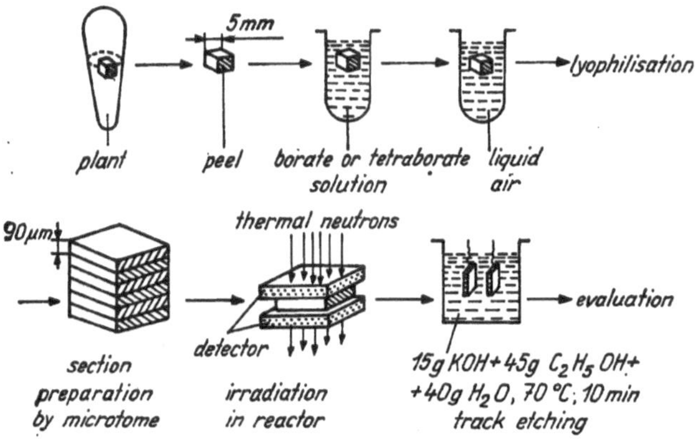

Fig. 1. Schematic representation of the main methodical steps of the determination of boron transport in plants

plant samples. On the above basis, our studies on boron transport were carried out by using solutions of 0.5 g/100 ml concentrations according to the methodical steps as follows (see Fig. 1):

The samples cut out of the carrot root and the potato tuber were cubes with an edge length of about 5 mm; one side of the cube consisted of peel containing cover tissue. The samples were placed in 10 ml boric acid or sodium tetraborate solution; the system was not stirred. After definite diffusion times under thermostating at 25 °C, the samples were removed from the solution, the diffusion process was stopped by means of liquid air, and the samples were lyophilized. Subsequently, the samples were embedded in a 1:3 mixture of paraffin and beeswax, and sections 90 µm in thickness were cut out. A 200 µm thick polycarbonate nuclear track detector (Makrofol-E, Bayer AG, Leverkusen, GFR) was placed on both sides of the plant sections. Samples prepared in this way were irradiated with a thermal neutron fluence of 2.10^{11} neutron.cm^{-2} in the Ljubljana Nuclear Reactor type TRIGA MARK II, at a cadmium ratio 40. The so-called PEW etching solution (15 g KOH + 40 g C_2H_5OH + 45 g H_2O) at 70 °C for 10 min [17, 18] was used to develop the track of the alpha-particles and lithium nuclei produced in the nuclear reaction $^{10}B(n, \alpha)^7Li$. Under such condition the general etching rate of the detector was found to be 14 µm/h.

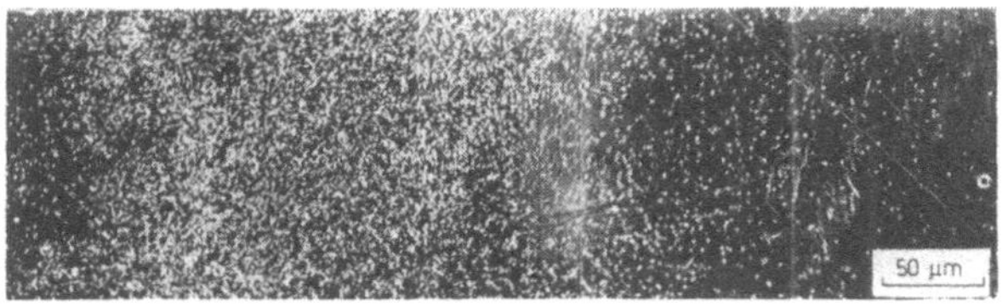

Fig. 2. A typical microradiogram showing the boron distribution in the cross-sectional area of a carrot root immersed into boric acid solution for 30 min at 25 °C
The nuclear tracks registered in Makrofol-E track detector are produced by the reaction $^{10}B(n, \alpha)\,^{7}Li$.

The boron concentration profile in the plant was depicted by the nuclear tracks with maximum diameters of about 2 µm on the surface of track detector (Fig. 2). The spatial track distribution corresponding to the boron concentration profile was valuated by means of a Zeiss projection microscope. The tracks were counted in strips 10 µm wide and 100 µm long, parallel with the plant surface. It was assumed that the areal density of the tracks is directly proportional to the local boron concentration.

5. Results and discussion

a) Sensitivity of boron determination

In order to estimate quantitatively the boron content and to plan reasonably the neutron-irradiation conditions of a boron transport study, one should know the boron sensitivity of the method employed. In our case where the boron determination is based on the nuclear reaction

$$^{10}B + n - \begin{cases} \xrightarrow{93,6\%} {}^{7}Li^{*}\,(0.83\,MeV) + {}^{4}He(1.47\,MeV) \\ \xrightarrow[6,4\%]{} {}^{7}Li\ (1.01\,MeV) + {}^{4}He(1.77\,MeV) \end{cases} \quad (7)$$

and on the use of the technique of nuclear track detection, the sensitivity of the method can be defined by the quantity

$$K[\text{tracks/neutron.ppm}] = \frac{\varrho}{\varphi_n C_B} \quad (8)$$

where ϱ is the number of tracks observed in a unit surface area of the track detector when using φ_n fluence of thermal neutrons and C_B concentration of boron. If the boron concentration is expressed in terms of atoms.cm^{-3} one may use the relationship

$$C_B[\text{ppm}] = C_B[\text{atoms} \cdot \text{cm}^{-3}]\,\frac{10^6 \cdot A}{\gamma \cdot N} \quad (9)$$

where N is the *Avogadro* constant, A the mean atomic weight of boron and γ the density of the sample to be studied.

For the plants studied, the sensitivity of our method to boron determination was determined both experimentally and theoretically. To get the experimental value we measured all the quantities on the right side of eqn. (8). Taking the data given in Tab. 1 into account we obtained the mean sensitivity

$$K_{exp} = 1.14 \cdot 10^{-8}\ \text{tracks/n} \cdot \text{ppm} \quad (10)$$

It should be mentioned that φ_n is measured by gold foil activation method with 5% accuracy. C_B determined by emission spectrography with 10% accuracy and ϱ obtained from track counting with a statistical error of 3%. In this way the resulting error of the values K_{exp} indicated in Tab. 1 may be estimated $\pm 12\%$.

It is worth examining the agreement of K_{exp} with the theoretically expected value K_{th}. Few data concerning this question can be found in the literature (see the References in the paper [18]). The reported sensitivites, however, can be considered only first approximations, due to some incompleteness in the calculations as follows:

1) None of the literatures on boron determination has taken into consideration that one may register four particles from the nuclear process (7). It is usually supposed that the 1.47 MeV alpha-particles alone contribute to the observable tracks, although the tracks of ^{7}Li nuclei can be registered with 100% efficiency [19]. Even in polycarbonate foils one can observe the tracks of low-energy light nuclei [20].
2) The "effective thickness" of a boron-containing material is usually obtained from approximative range data or sometimes from some extrapolated weighted averages of the ranges for ^{4}He and/or ^{7}Li nuclei. (Actually, the effective thickness should be calculated one by one for all the four particles in (7)).
3) The question of track etching efficiency is usually treated in a relatively sophisticated way in the calculations. Sometimes the authors introduce some kind of "lower energy threshold" for track registration, which is not justified appropriately from the side of experiment. In our view, the introduction of proper values of the critical angle of etching, θ_c, into the calculation should be sufficient to describe properly the efficiency of track etching in boron determination.

To avoid the above-mentioned incompleteness, finally, we used the relation

$$K_{th} = \frac{1}{2}\frac{N}{A}\sigma\eta \sum_i \varepsilon_i \frac{R_i}{2}\cos^2\theta_{ci} \quad (11)$$

Tab. 1. Experimentally determined sensitivites (K_{exp}) of boron determination by nuclear track method in the plants studied

System	C_B ppm	φ_n n/cm²	ϱ tracks/cm²	$K_{exp} = \frac{\varrho}{\varphi_n \cdot C_B}$ tracks/n · ppm
Carrot-borate	6610	$2 \cdot 10^{11}$	$1.5 \cdot 10^{7}$	$1.13 \cdot 10^{-8}$
Carrot-tetraborate	6020	$2 \cdot 10^{11}$	$1.3 \cdot 10^{7}$	$1.08 \cdot 10^{-8}$
Potato-borate	4260	$2 \cdot 10^{11}$	$1.0 \cdot 10^{7}$	$1.17 \cdot 10^{-8}$
Potato-tetraborate	3800	$2 \cdot 10^{11}$	$0.9 \cdot 10^{7}$	$1.18 \cdot 10^{-8}$

$\overline{K}_{exp} = (1.14 \pm 0.05) \cdot 10^{-8}$

Tab. 2. Parameters associated with the calculation of the sensitivity of boron determination in plants

i	ε_i	R_i mg · cm^{-2}	θ_{ci}	$\varepsilon_i R_i \cos^2\theta_{ci}$ mg · cm^{-2}
1.47 MeV ^{4}He	0.936	0.83	23°	0.6583
1.77 MeV ^{4}He	0.064	1.02	23°	0.0553
0.83 MeV ^{7}Li	0.936	0.303	0°	0.2836
1.01 MeV ^{7}Li	0.064	0.357	0°	0.0228
				$\sum_i = 1.0200$

to get the theoretical sensitivity of boron determination, where $\sum_i$ indicates summation over all the particles produced in the reaction (7) (detailed data see in Tab. 2); N: Avogadro constant; A: mean atomic weight of boron; $\sigma = 3840$ barn, the cross section of $^{10}B(n, \alpha)$ reaction for thermal neutrons; $\eta = 0.2$ abundance of ^{10}B in the natural boron; ε_i, R_i and θ_{ci} are the relative yield, range and critical angle of etching for the different reaction porducts in the reaction (7). To calculate R_i a range-energy computer code was used for a composition of $C_6H_8O_9N_2$, which in first approximation was considered "plant-equivalent". For θ_{ci} experimental values obtained with the use of PEW etchant were taken into account.

After all, one can see from Tab. 2 that the alpha- and ^{7}Li tracks contribute to the sensitivity of boron determination by 70% and 30%, respectively. Finally from eqn. (11) we obtain the theoretical sensitivity of boron determination

$$K_{th} = 1.09 \cdot 10^{-8} \text{ tracks/n} \cdot \text{ppm} \quad (12)$$

which is in excellent agreement with the experimental data indicated in Tab. 1.

b) *Determination of boron transport parameters*

In the knowledge of the sensitivity of our method, different experiments were designed to study the processes of passive boron transport in plants. The main results obtained are as follows:

Fig. 3 shows typical concentration distributions (profile curves) characteristic of boric acid transport from the cover tissues (peel) of carrot measured after diffusion times of 10 and 30 min. The radiographic method employed had a spatial resolution of about ± 10 µm. As can be seen

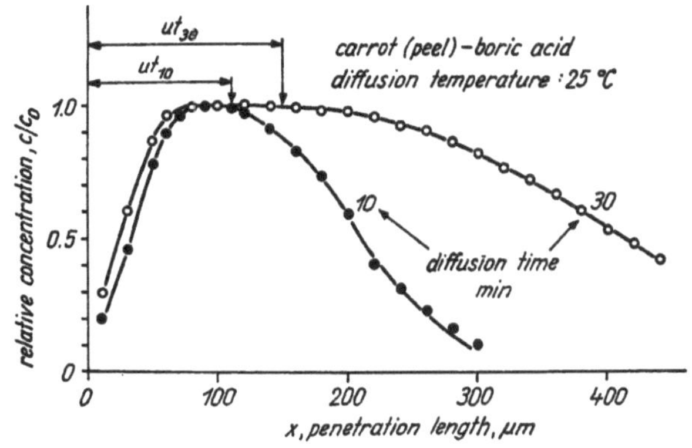

Fig. 3. Typical curves of boron concentration distribution characteristic of boric acid transport in the peel of carrot root, after diffusion times of 10 and 30 min

the curve of boron concentration distribution in the plant can be broken down into three, comparatively well-differentiated sections [21].

I. The boron concentration is lower on the immediate surface of the plant sample than in the interior of the plant. This is a consequence of the surface inhomogeneities (material deficiency). On proceeding from the surface towards the inside of the plant, the boron concentration progressively increases up to a maximum value. This section of the profil curve extends about 40–80 µm from the surface.

II. In the second section of the profile curve the boron concentration is constant and displays the highest value inside the plant. The length of this section increases with prolongation of the diffusion time. Its actual value, however, in plants can be determined only with a large error, as the independent measurements display considerable spread.

Tab. 3. Depths of penetration as a result of convection of borate and tetraborate ions in carrot root and potato tuber at 25 °C

System	Diffusion time min	Penetration depth (ut) due to convection µm	
		From external cover tissues	From internal tissues
Carrot-borate	5	60	80
	10	100	120
	30	140	150
Carrot-tetraborate	5	50	100
	10	60	120
	20	80	130
Potato-borate	10	100	110
	20	140	150
	30	140	180
Potato-tetraborate	5	50	100
	10	60	100
	20	100	120

The values obtained for the combined lengths of the first and second curve sections (denoted by ut in Fig. 3) in the plant-borate systems examined are summarized in Tab. 3. The values are the averages of 10–15 measurements with a standard deviation of about $\pm 50\%$. It should be noted that the flow rate (u) of the ions was not determined. In the calculation of the flow rate, the boron distribution conditions developing on contact of the plant and the borate or tetraborate ions must be regarded as the starting state ($t = 0$). Our investigations, however, revealed that in the plants in question this state corresponds to a boron penetration depth of about 20–50 µm. Such a large spread of the experimental data did not permit a reasonable accurate determination of the flow rates.

III. The third section of the profile curve is the real diffusion zone. The distribution of the boron concentration in this zone with respect to position and time is described with a good approximation by relation (6), if the parameter c_0 in this relation is regarded as the same as maximum

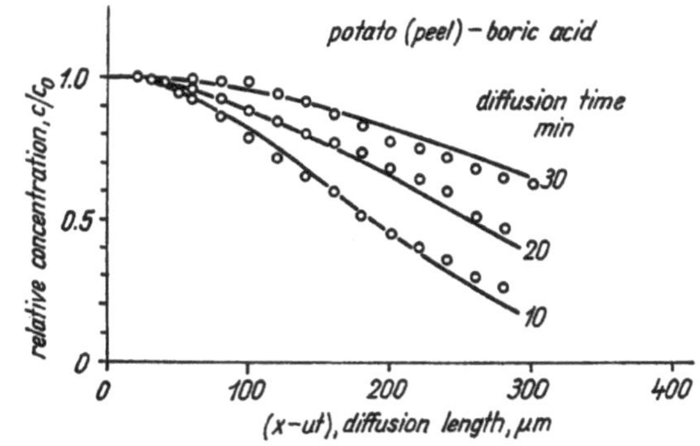

Fig. 4. **Profiles of boron concentration measured in the diffusion zone of the peel of potato tuber**
The solid lines are the best-fitting curves calculated by eqn. (6).

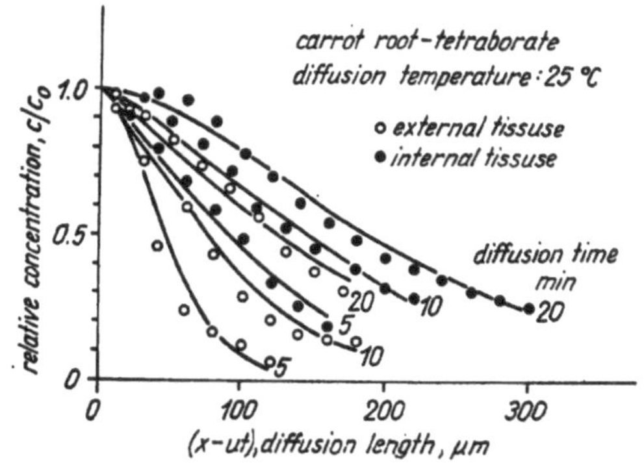

Fig. 5. **Profiles of boron concentration measured in the diffusion zone of the peel (open circles) and the internal tissues (full circles) of carrot root**
The solid lines are calculated by eqn. (6).

boron concentration measured in the second section of the profile curve.

Fig. 4 depicts the boron concentration profiles in the diffusion zone of the plant for the potato tuber-borate system, and Fig. 5 those for the carrot root-tetraborate system. The measured data are indicated by circles, and the best-fitting theoretical curves calculated on the basis of relation (6) are shown as solid lines. The diffusion coefficients determined by the microradiographic method are listed in Tab. 4. They are the averages of 15–20 measurements, the standard deviation being about 30–40%.

The passive diffusion of borate and tetraborate ions in carrot and potato can be characterized by diffusion coefficients of the order of 10^{-11} m² s⁻¹. This is about 100 times smaller than the diffusion coefficients of the same ions in water. The rate of diffusion of boron through the external cover tissues (peel) is generally lower than in the internal tissues. In the systems in question the rate of diffusion of boric acid is higher than that of tetraborate ions.

It may be noted that, within the limits of experimental error, the diffusion coefficients were independent of the diffusion time. This confirms that relation (6) can be used to a good approximation to describe passive transport processes in plants.

Acknowledgement

The authors wish to express their thank to Drs. *L. Papp* and *I. Vágó*, Department of Inorganic and Analytical Chemistry, L. Kossuth University, Debrecen, who carried out the spectrographic determination of the initial boron contents of the plant samples.

Received April 14, 1982

References

[1] *K. Mengel*, Ernährung und Stoffwechsel der Pflanze, Jena (DDR): VEB Fischer Verlag 1972
[2] *W. Bergmann, P. Neubert*, Pflanzendiagnose und Pflanzenanalyse. Jena: VEB Fischer Verlag 1976
[3] *T. Schmucker*, Planta 28 (1934) 264
[4] *E. C. Sisler, W. M. Dugger, H. G. Gauch*, Planta Physiol 31 (1956) 11

Tab. 4. Diffusion coefficients of borate and tetraborate ions in carrot and potato at 25 °C

Diffusion medium	Diffusing ion	Diffusion time min	Diffusion coefficient D 10^{-11} m² s⁻¹ In external cover tissues	In internal tissues
Carrot	Borate	5	1.98 ± 0.35	1.85 ± 0.50
		10	1.73 ± 0.66	1.60 ± 0.51
		30	1.77 ± 0.63	1.80 ± 1.05
			$\bar{D}$ = 1.83 ± 0.33	1.75 ± 0.42
	Tetraborate	5	0.97 ± 0.30	2.12 ± 0.90
		10	0.90 ± 0.18	1.97 ± 0.70
		20	0.95 ± 0.21	1.55 ± 0.36
			$\bar{D}$ = 0.94 ± 0.14	1.88 ± 0.40
Potato	Borate	10	2.30 ± 0.55	5.73 ± 2.42
		20	2.45 ± 0.53	4.18 ± 1.97
		30	2.12 ± 0.50	4.97 ± 2.35
			$\bar{D}$ = 2.29 ± 0.30	4.96 ± 1.30
	Tetraborate	5	1.15 ± 0.55	2.93 ± 1.15
		10	1.40 ± 0.56	3.33 ± 1.70
		20	1.22 ± 0.33	2.37 ± 0.83
			$\bar{D}$ = 1.26 ± 0.28	2.88 ± 0.74

[5] *C. Odhnoff*, Physiol. Plantanum **10** (1957) 984
[6] *W. W. Jakowlewa*, in: Spurenelemente in der Landwirtschaft, Berlin: Akademie Verlag 1958
[7] *W. Bussler*, Z. Pflanzenernähr. Düng., Bodenkunde **105** (1964) 113
[8] *W. Gärtel*, Landw. Forsch. **16** (1962) 121
[9] *F. M. Eaton*, J. Agr. Research, **69** (1944) 237
[10] *T. Teorell*, Z. Elektrochem. angew. physik. Chem. **55** (1951) 460
[11] *R. Schlögl*, Stofftransport durch Membranen, Darmstadt: Steinkopf Verlag 1964
[12] *W. P. Anderson*, Ion transport in plants. London and New York: Academic Press 1973
[13] *D. A. Baker, J. L. Hall*, Ion transport in plant cells and tissues, New York: American Elsevier Publishing Company 1975
[14] *J. Crank*, The mathematics of diffusion. Oxford: Clarendon Press 1956
[15] *F. Scheffer, E. Welte*, Pflanzenernährung. Stuttgart: Verlag F. Enke 1955
[16] *G. S. Syworotkin*, in: Spurenelemente in der Landwirtschaft Berlin: Akademie Verlag 1958, p. 283
[17] *G. Somogyi, J. Gulyás*, Radioisotopy **13** (1972) 549
[18] *K. Freyer, H. Ch. Treutler, G. Somogyi, Zs. Varga*, J. Radioanal. Chem. **56**, (1980) 113
[19] *T. Tsuruta*, Nucl. Sci. Techn. **15** (1978) 768
[20] *G. Somogyi, I. Hunyadi, E. Koltay, L. Zolnai*, Nucl. Instrum. Meth. **147** (1977) 287
[21] *T. Varró, G. Somogyi, A. Bölcskei, I. Mádi*, Nucl. Track Detection **1** (1977) 181

High Sensitive Scintillation Gamma-Ray Spectrometry

P. Povinec

(Department of Nuclear Physics and Institute of Physics and Biophysics, Comenius University)[1])

Characteristics of low level scintillation spectrometer operating in various coincidence modes are reviewed. A comparison of results shows that the most sensitive mode is the beta-gamma-gamma spectrometer.
The high sensitivity obtained enables to investigate rare decay processes in nuclear physics, to perform nondestructive measurements of cosmogenic nuclides in extraterrestrial samples, e.g. lunar and meteorite samples, as well as to perform low level radioactivity measurements in the environment.

Keywords

background noise; coincidence methods; gamma cascades; gamma detection; gamma spectrometers; low level counting; lunar materials; meteorites; positrons; radiation detectors

1. Introduction

Large volume NaI(Tl) detectors arranged in heavy passive and active shields supplied with sophisticated electronics are widely used for low level counting of gamma-emitters. Although the energy resolution of NaI(Tl) detectors is far behind the Ge(Li) detectors, their high detection efficiency, large sensitive volume and low background enables to perform nondestructive analysis of samples of various shape, that is especially important when rare samples are analysed, e.g. lunar rocks, meteorites, etc. The high sensitive scintillation gamma-ray spectrometry may be effectively applied also for measurements of rare decays in nuclear physics and for low level radioactivity measurements in the environment.

However, if multicomponent samples are to be measured single gamma-ray spectrometers cannot be applied because of their poor energy resolution. In this case for a nondestructive measurement it is more advantageous to use a high resolution Ge(Li) spectrometry. For example, this is a case of an analysis of gamma-ray emitters in air filters. However, if the sample contains only few well separated gamma-lines or gamma-lines in a cascade, the scintillation gamma-ray spectrometry is the most powerful one.

Several counting modes can be used for coincidence spectrometers. It is possible to apply gamma-gamma coincidences, sum-coincidence mode, triple gamma coincidences, sum-double gamma coincidences, beta-gamma coincidences, beta-gamma-gamma coincidences, etc., according to decay schemes of investigated radionuclides.

Various coincidence scintillation spectrometers dedicated for low level counting were described in the literature [1–5]. However, a comparison of different counting modes of coincidence spectrometers was not performed. It is the purpose of this paper to review characteristics of a low level scintillation spectrometer operating in various coincidence modes.

2. Spectrometer design

The spectrometer consists of two NaI(Tl) scintillation crystals, each 150 mm in diameter and 100 mm long. Both crystals are selected for low background and arranged in integral lines with the photomultipliers. The energy resolution of the NaI(Tl) detectors was 11.5% for the 661 keV gamma-line of ^{137}Cs. The NaI(Tl) detectors were surrounded by 100 mm thick plastic scintillator connected with the main detectors to an anticoincidence. The detection system was placed horizontally in a heavy shield made of 100 mm of lead, 200 mm of iron and 200 mm of paraffin with boric acid. A versatile electronic system of Canberra NIM modules, MCA 8100 and ICA-70 multichannel analyzers were used for pulse processing. The system enabled various modes of coincidence — anticoincidence analysis to be performed.

3. Results and discussion

3.1. *Background of NaI(Tl) detectors*

A quality of NaI(Tl) crystals is one of the most important factors determining the utilization of the system for low

[1]) Address: Mlynska dolina, 842 15 Bratislava, Czechoslovakia

level counting. The quality of the crystals is given by their own background and the energy resolution. A volume of crystals may be a limited factor from financial or production reasons. The background of crystals is first of all due to ^{40}K, and uranium and thorium decay products. If pure material is used for crystal production its background can be lowered several times [6]. However, part of the background of the NaI(Tl) detector may be also due to photomultiplier window and the crystal canning.

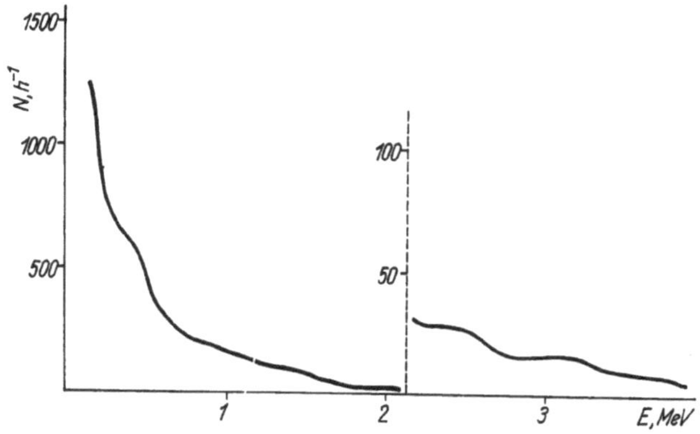

Fig. 1. Single background of the NaI(Tl) detector in the shield

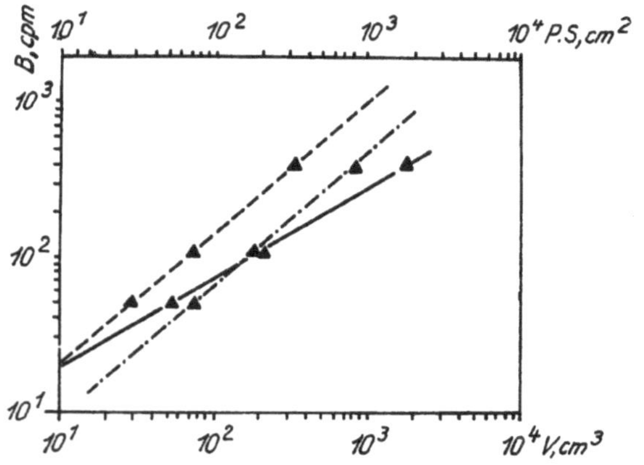

Fig. 2. The dependence of the detector background on the volume (V), the surface (S) and the cross section (P)

The single background of the NaI(Tl) detector placed in the shield is shown in Fig. 1. The background spectrum is clear, without remarkable peaks. For a better understanding of background of NaI(Tl) detector, its dependence on the crystal volume and the crystal cross-section was studied [7, 8]. For this investigation NaI(Tl) crystals, dimensions of 40 mm in diameter and 40 mm long, 63 mm in diameter and 63 mm long, and 150 mm in diameter and 100 mm long were used. The NaI(Tl) detectors were placed during measurements in the low level shield.

A comparison of the dependence of the integral detector background on the energy for different detector volumes has shown that this dependence in the semilogarithmical scale is linear with the same inclination. This means that the background increase with the detector enlargement is the same for given energy intervals. Fig. 2 shows the dependence of the detector background on its dimensions. This dependence can be approximated by a fit

$$B_x = B(V_x/V)^{0.60}$$

This equation enables us to calculate a background (B_x) of an arbitrary NaI(Tl) detector of volume V_x if the background B of the detector of volume V is known. A similar character has a dependence of the detector background on the crystal surface as well as on the crystal cross-section. The last dependence can be fitted with a straight line

$$B_x = B(P_y/P)^{0.99}$$

where P is the twofold effective crystal cross-section defined

$$P = \pi r^2 + 2\,hr$$

where r is the crystal radius and h is its height. This approximation shows a linear dependence of the detector background on its cross-section and therefore gives a best fit between the detector dimensions and its background.

Although the background of NaI(Tl) detector is proportional to its volume, in a heavy low level shield the background of the low level NaI(Tl) detector is direct proportional to the crystal cross-section. In this case it is enough to calculate the background corresponding to the unit area of the crystal projection to the horizontal plane. This is because of the fact that in the low level shield most of the background is coming from cosmic radiation. The penetrating component of cosmic radiation is dominant in this case. The intensity of this component decreases as $\cos^2\varphi$, where φ is the angle between the direction of the penetrating particle and the vertical line on the earth surface. To suppress this component of the NaI(Tl) detector background a high efficient anticoincidence shielding must be apply.

3.2. *Single gamma-ray spectrometer*

In this detection mode one NaI(Tl) detector is used as the analysing detector and the second one, together with the plastic scintillation detector, is connected to the summation amplifier and works as the anticoincidence shield, or it is possible to connect both NaI(Tl) detectors to the summation amplifier and to analyze a sample in 4π geometry with gating signals from coincidences between NaI(Tl) detectors, and from the plastic scintillation detector. This detector configuration is advantageous to use for an analysis of noncoincident gamma-quanta, e.g. a measurement of ^{40}K, ^{238}U, ^{232}Th, etc. concentrations in terrestrial and extraterrestrial samples. The single gamma-ray spectrometer has been successfully applied for a nondestructive analysis of K, U and Th in tektites and impactites [9].

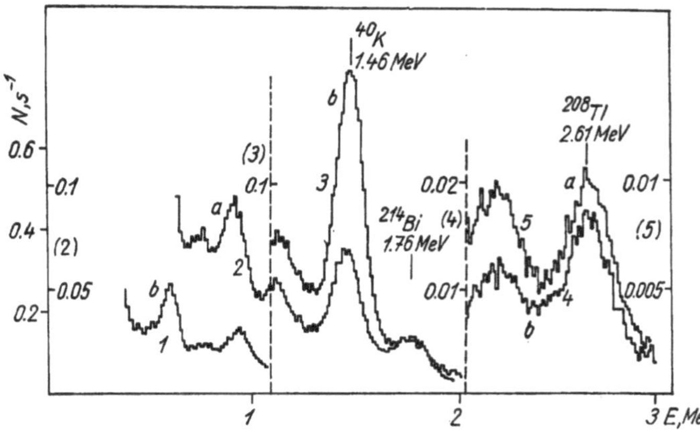

Fig. 3. Gamma-ray spectrum of the moldavite sample (a) and the impactite sample from the *Ries* crater (b)

Fig. 3 shows a typical gamma-ray spectrum of the moldavite sample and the impactite sample from the *Ries* crater. The main problem in the measurement of radioactivity in tektites arises from the small amount of sample usually available for analysis. This requires a very high sensitivity of the analytical method and thus it is a typical problem for the application of low level counting techniques. Tektite samples weighing a few tens of grams and impactite samples weighing a few kilograms were used for analysis. Determination of U, Th and K contents in rock samples was performed using primordial radionuclides ^{238}U, ^{232}Th and ^{40}K, respectively. ^{40}K was determined directly according to its 1.46 MeV gamma-line. ^{238}U and ^{232}Th were determined undirectly from the daughter radionuclides ^{214}Bi (1.76 MeV) and ^{208}Tl (2.61 MeV), respectively. This method of analysis ensures fairly accurate estimation of ^{232}Th and ^{40}K, while ^{214}Bi enables to determine ^{238}U content only in the case of radioactive equilibrium between the two. This condition is well fulfilled in tektites which are known as objects formed several million years ago.

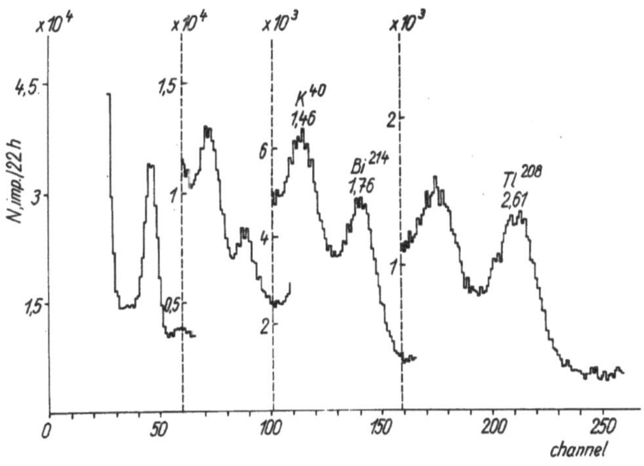

Fig. 4. Gamma-ray spectrum of a soil sample

Table 1. Minimum measurable activities (MMA) of K, U and Th in environmental samples

Element	Admixture			MMA
	K, %	U, ppm	Th, ppm	
K	—	0	0	0.2%
K	—	0	≦30	0.3%
K	—	≦10	0	0.4%
U	arbitrary	—	0	1 ppm
U	arbitrary	—	≦30	2 ppm
Th	arbitrary	arbitrary	—	5 ppm

The single gamma-ray spectrometer was further applied for a nondestructive determination of primordial, radiogenic and antropogenic radionuclides in soil and ash samples [10]. A typical gamma-ray spectrum of a soil sample is shown in Fig. 4. Samples weighing a few tens of grams were used in measurements. Tab. 1 lists the minimum measurable activities which can be determined using the described single gamma-ray spectrometer in one hour counting time with 5% accuracy. The contents of ^{40}K, ^{232}Th, ^{226}Ra and ^{137}Cs have been frequently determined in these samples for radioecological investigations.

3.3. *Gamma-gamma coincidence spectrometer*

The coincidence spectrometer is advantageous to use for analysis of radionuclides emitting at least two gamma-quanta in cascade as well as for positron emitters. The gamma-gamma coincidence spectrometer was tested in various modes of operation. The single gamma-gamma coincidence mode with open discrimination windows enables to register radionuclides emitting at least two gamma-quanta in cascade. This is possible even in the case when a sample contains radionuclides emitting only one gamma-quantum, whose activity may be several orders of magnitude higher.

On the other hand the gamma-gamma coincidence spectrometer with differential discriminators in both channels [5] enables to reach a higher sensitivity. If windows setting is done for a given energy the spectrometer has high selectivity for radionuclides emitting one cascade quantum with this energy. For example, positron emitters is advantageous to detect with discrimination setting for the energy of annihilation quanta. Fig. 5 shows a comparison of the single spectrum (1) with the gamma-gamma coincidence spectrum with an annihilation quantum (2) for the case of ^{26}Al.

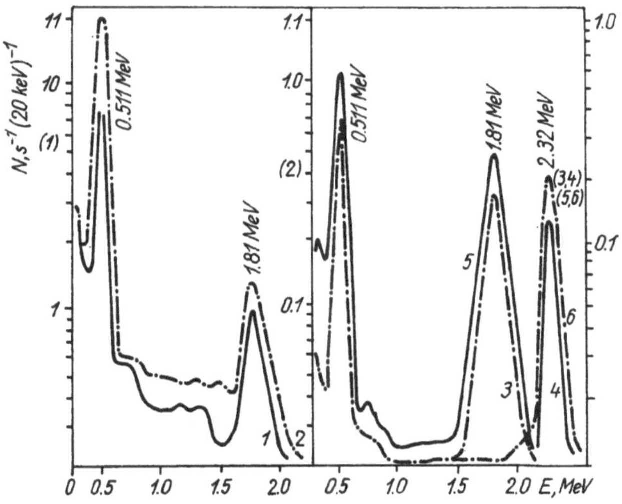

Fig. 5. A comparison of the single gamma-ray spectrum (1), the gamma-gamma coincidence spectrum with an annihilation quantum (2), the triple coincidence spectrum with an annihilation quantum, a quantum of energy above 0.5 MeV and a sum peak (3), the triple coincidence spectrum of an annihilation quantum, a quantum of energy above 0.5 MeV and a double sum peak (4), the triple coincidence of two quanta of energy above 0.5 MeV and a sum peak (5) and the triple coincidence spectrum of two quanta with energy above 0.5 MeV and a double sum peak (6) for the case of ^{26}Al

If small volume samples are analysed by the coincidence spectrometer it is advantageous to use for background reduction a lead absorber located between the NaI(Tl) detectors. This absorber considerably reduce the counting rate due to backscattered gamma-quanta. The absorber made of lead, the diameter of 150 mm and thickness of 20 mm, with a hole in the centre 20 mm in diameter reduces the integral background three times. Simultaneously the cleanliness of the spectrum was increased by 12% for ^{60}Co.

The gamma-gamma coincidence spectrometer has been widely used for the analysis of cosmogenic radionuclides in meteorite samples as well as for the analysis of antropogenic radionuclides in the environment. As a typical example we present in Fig. 6 a gamma-spectrum of the *Allende* meteorite, where positron emitters ^{22}Na and ^{26}Al have been identified.

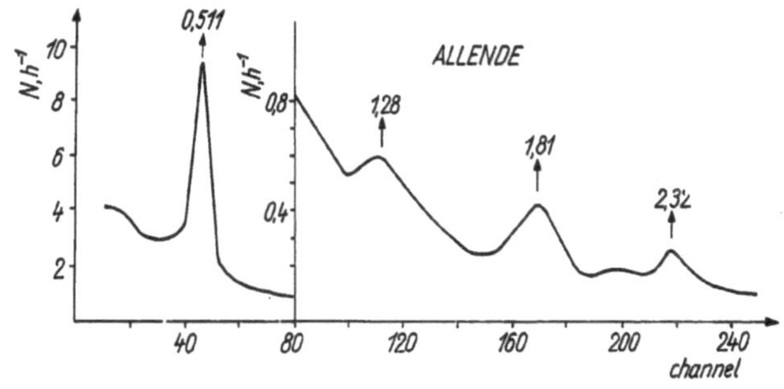

Fig. 6. Gamma-gamma coincidence spectrum of the *Allende* meteorite

3.4. *Sum-coincidence spectrometer*

In this detection mode pulses coming from NaI(Tl) detectors are fed to the summation amplifier, then are discriminated in the single channel analyzer and fed to the coincidence-anticoincidence unit, which is used for gating the multichannel analyzer. If the single channel analyzer has window setting corresponding to the sum energy of cascade gamma-quanta, then the multichannel analyzer registers only pulses corresponding to the total absorption of cascade gamma-quanta in the NaI(Tl) detector. The gamma-spectrum of the sample contains in this case only total absorption peaks that considerably increases the cleanliness of the spectrum, the spectrometer resolution and the elaboration of the spectrum makes more easier, especially when multicomponent samples are to be analysed. Fig. 5 shows a comparison of the triple coincidence spectrum with an annihilation quantum, a quantum of energy above 0.5 MeV and a sum peak (curve 3), the triple coincidence spectrum of an annihilation quantum, a quantum of energy above 0.5 MeV and a double sum peak (curve 4), the triple coincidence spectrum of two quanta of energy above 0.5 MeV and a sum peak (curve 5), and the triple coincidence spectrum of two quanta with energy above 0.5 MeV and a double sum peak (curve 6) for the case of ^{26}Al. It can be seen that the most sensitive mode is given by the spectrum 3.

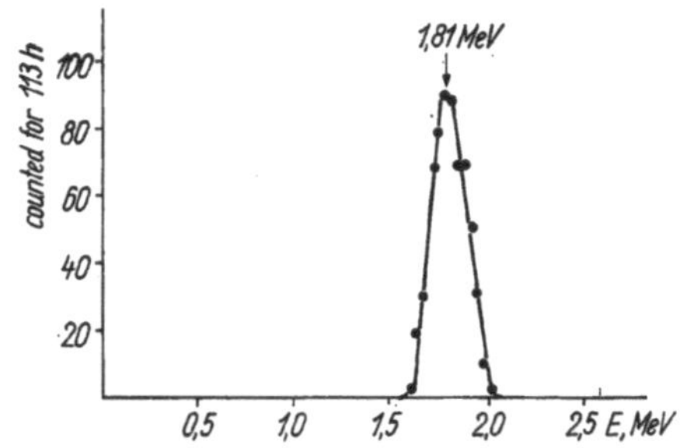

Fig. 7. Triple sum-coincidence spectrum of ^{26}Al in *Saratov* meteorite

Fig. 7 shows a typical triple sum-coincidence spectrum of ^{26}Al in Saratov meteorite (99 g) counted for 113 hours. It can be seen from comparison with Fig. 6 that high spectrum resolution has been obtained in the triple sum-coincidence mode.

3.5. *Beta-gamma coincidence spectrometer*

For the measurement of beta-gamma emitting radionuclides in lunar samples as well as meteorites (surface positron radioactivity) it is advantageous to use the beta-gamma coincidence mode. This method has proved to be very useful especially when only limited amount of sample is available.

Flat type beta-counters working in $2 \times 2\pi$ geometry have been developed for the low level beta-gamma coincidence spectrometry. Fig. 8 shows a diagram of a typical beta-counter. The counter is made of plexiglass, gold plated Mylar foil and gold-molybdenum wires. The counter has two cathode windows made of Mylar foil thickness of 0.9 mg · cm^{-2}. Two plexiglass sample holders may be used from both sides of the counter. The anode wire is made of gold coated molybdenum diameter of 50 μm. The detection efficiency for thin beta-samples is above 40%. The dead time is below 100 μs. Counters of several dimensions have been constructed ranging in diameter from 16 mm to 80 mm. A typical background of such a counter

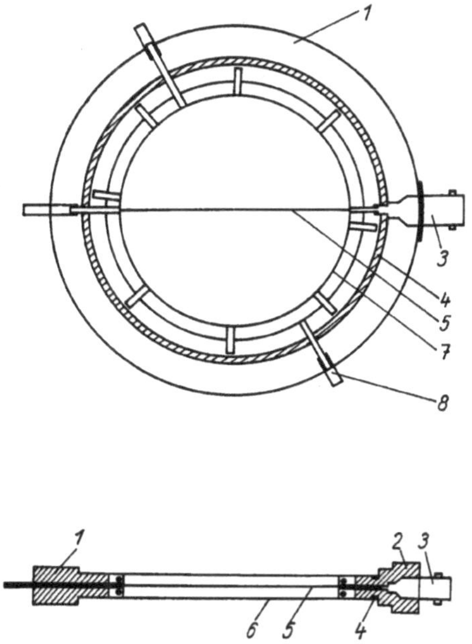

Fig. 8. Diagram of the beta-counter

1 – plexiglass; 2 – sample; 3 – connector; 4 – cathode contact; 5 – anode wire; 6 – Mylar foil; 7 – cathode wires; 8 – gas inlet; 9 – plexiglass; 10 – sample holder

in a simple lead shield is below 1 cph · cm^{-2} of sensitive area. Argon + propane-butane mixture is used as the working gas. The beta counter has been shielded during coincidence measurements by a lead cylinder and located between two NaI(Tl) detectors.

We studied various modes of beta-gamma coincidence analysis of positron emitters ^{22}Na and ^{26}Al in thin samples. We shall compare the beta-gamma system working in 2π geometry with the 4π system, when pulses from both NaI(Tl) detectors are summed and then fed to the coincidence unit together with pulses from the beta-counter. The efficiency of the 4π system is for β-decaying nuclides with one gamma-quantum two times higher than for the 2π geometry, however, the 4π spectrum is more complicated. This can be seen from Fig. 9, where both spectra are compared for ^{22}Na. Higher compton continuum and more

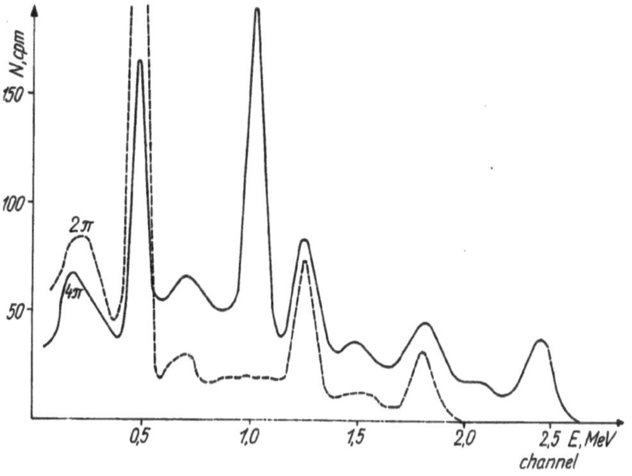

Fig. 9. Comparison of 2π and 4π beta-gamma spectra for ^{22}Na

peaks make 4π spectrum disadvantageous, especially for two or more component samples (e.g. ^{22}Na and ^{26}Al).

The beta-gamma coincidence spectrometer may be effectively used for a measurement of surface positron radioactivity of meteorites. Positrons emitted from a depth smaller than 10^{-2} kg · m^{-2} do not annihilate in the sample but they can be registered in the beta-counter and then can annihilate in NaI(Tl) detector. On the other hand positrons from deaper layers annihilate in the sample and therefore they cannot be registered as beta-gamma coincidences. In this way we can obtain information about the surface radioactivity of the sample, what is important for meteorite and lunar rock studies. As an example we present in Fig. 10 a surface spectrum of ^{26}Al in Saratov meteorite.

3.6. *Beta-gamma-gamma coincidence spectrometer*

This detection mode enables to detect only radionuclides emitting together with a beta-particle at least two gamma-quanta in cascade, or positron emitters (e.g. ^{22}Na, ^{26}Al, ^{58}Co, ^{60}Co, etc.). Efficiency and background of beta-gamma-gamma spectrometer was studied in several modes of operation for ^{22}Na and ^{26}Al, similarly as it was in the case of gamma-gamma spectrometer and sum-coincidence spectrometer. Fig. 11 shows a comparison of the beta-gamma spectrum (curve a), the beta-gamma-gamma spectrum with discrimination setting above 0.5 MeV (curve b) and the beta-gamma-gamma spectrum with annihilation quanta (curve c). It can be seen a typical suppression of the characteristic peak in comparison with the sum peak. The selectivity of this spectrometer is similar to the gamma-gamma spectrometer, however, as the background is about two orders of magnitude lower, the detection limit is also considerably lower.

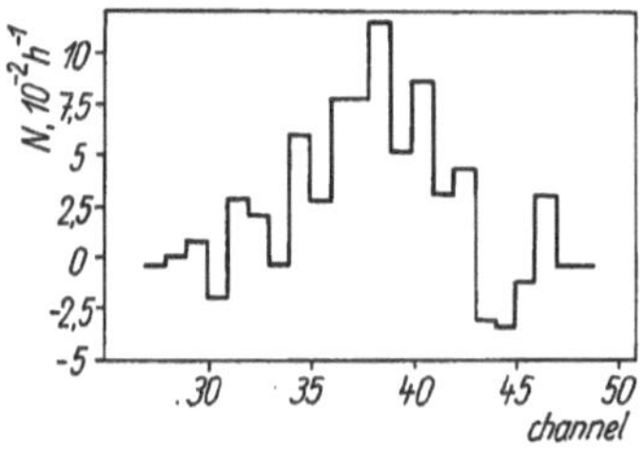

Fig. 10. Surface gamma-spectrum of ^{26}Al in *Saratov* meteorite

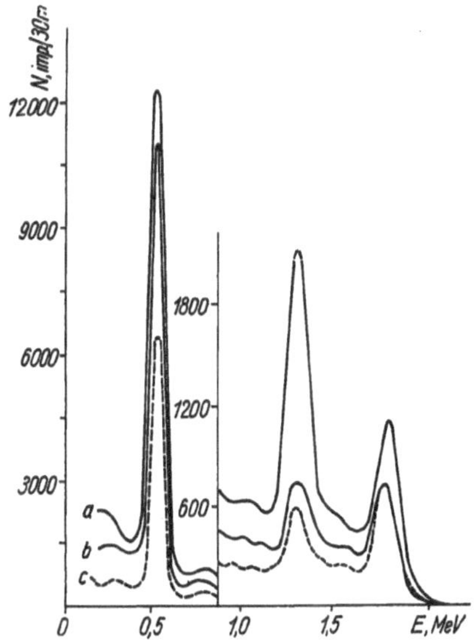

Fig. 11. Comparison of the beta-gamma spectrum (a), the beta-gamma-gamma spectrum with discrimination setting above 0.5 MeV (b) and the beta-gamma-gamma spectrum with annihilation quanta (c)

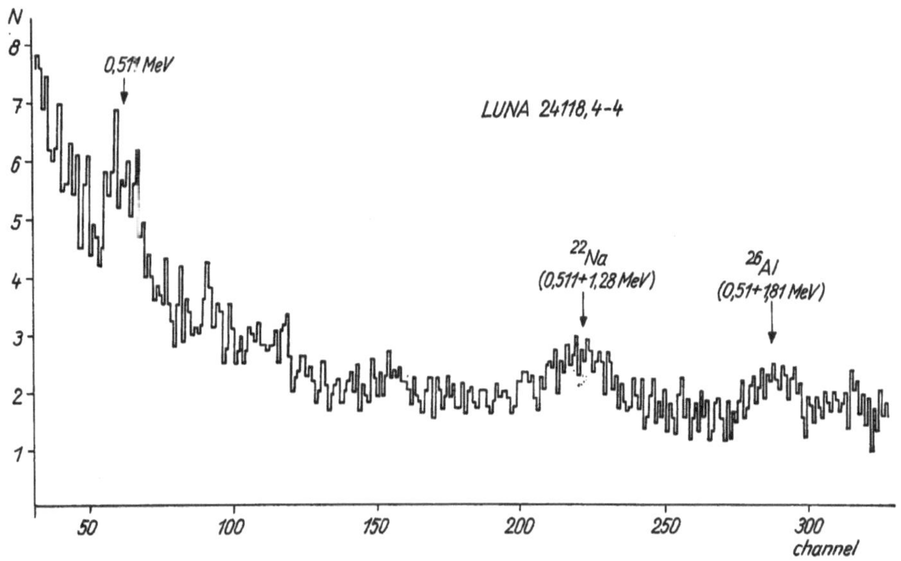

Fig. 12. Beta-gamma-gamma spectrum of Luna-24 sample 24118, 4–4

The beta-gamma-gamma coincidence spectrometer with both differential discriminators opened for annihilation quanta has been found as the most sensitive method of ^{22}Na and ^{26}Al counting in thin samples. Using this method we studied cosmogenic and primordial radionuclides in subgram samples of lunar dust [11]. Long term measurements lasting several months were performed. As an example we present in Fig. 12 beta-gamma-gamma spectrum of Luna-24 sample 24118, 4—4 measured for 125 days.

3.7. *Comparison of minimum measurable activities*

The best criterion used for comparison of various detection modes of gamma-spectrometers is the minimum measurable activity which can be determined in a given time with a given accuracy. In the case of nondestructive analysis the comparison is necessary to perform separately for thin and thick samples (subgram samples and several hundred grams samples).

Tab. 2. A comparison of minimum measurable activities of scintillation gamma-ray spectrometers for ^{22}Na and ^{26}Al counting in thin and thick samples

	^{22}Na			^{26}Al		
E, MeV	0.51	1.28	1.79	1.81	2.32	Spectrometer
	Thin samples					
Minimum	4.3	12.1	7.7	9.1	8.6	single
measurable	0.7	9.0	0.9	7.9	1.0	γ-γ (0.511 MeV)
activity,		0.5			0.4	γ-Σ
mBq	0.3	1.1	0.8	0.9	0.8	$\beta-\gamma$
	0.1	1.2	0.3	1.1	0.2	$\beta-\gamma-\gamma$ (0.511 MeV)
	Thick samples					
	0.3	0.7	0.5	0.5	0.4	single
$mBq \cdot kg^{-1}$	0.1	0.4	0.04	0.3	0.04	$\gamma-\gamma$ (0.511 MeV)
			0.02		0.02	$\gamma-\Sigma$

Tab. 2 lists calculated minimum measurable activities which can be determined in 20 days counting time with 25% accuracy. The comparison is done for ^{22}Na. A high sensitivity which can be obtained with coincidence spectrometers is very clear. The most sensitive spectrometer in the case of thin samples is the beta-gamma-gamma spectrometer. The detection limit of this counting mode is about a factor of 8 lower than for the gamma-gamma spectrometer and about a factor of 50 lower than for the single gamma-ray spectrometer. However, in the case of thick samples, where beta-gamma coincidence method cannot be applied, the most sensitive spectrometer is the triple sum-coincidence spectrometer. A decrease in the detection efficiency by a factor of 10 of the sum-coincidence spectrometer compared with the single spectrometer, make a decrease in the background by 3 orders of magnitude.

4. Conclusion

We have seen that the beta-gamma-gamma coincidence spectrometer is the most sensitive spectrometer for an analysis of positron emitters or emitters with beta-gamma-gamma cascades in thin subgram samples. This spectrometer has been successfully applied for ^{22}Na and ^{26}Al measurements in samples of lunar dust brought to the Earth by Soviet automatic stations Luna 16,20 and 24 [11].

On the other hand the triple sum-coincidence gamma-ray spectrometer is more advantageous to use for a nondestructive radionuclide analysis in large samples, e.g. lunar rocks, meteorites, environment samples, etc.

Received April 14, 1982

References

[1] *D. E. Watt, D. Ramsden*, High sensitivity counting techniques Oxford: Pergamon Press 1964
[2] *G. Spannegel, G. Heusser*, in Meteorite research, ed. *P. M. Millman*; Dordrecht: D. Reidel Publ. Comp. 1970 p. 372
[3] *J. M. R. Hutchinson, J. L. Lantz, W. B. Mann, P. A. Mullen, R. H. Rodriguez-Pasques*, IEEE Trans. Nucl. Sci. 19 (1972) 117
[4] *K. Yamakoshi, K. Nogami*, Nucl. Instr. and Meth. 134 (1976) 519
[5] *P. Povinec* et al., in: Low-radioactivity measurements and applications, ed. *P. Povinec* and *S. Usačev*; Bratislava: SPN 1977 p. 183
[6] *N. A. Wogman, R. W. Perkins, J. H. Kaye*, Nucl. Instr. and Meth. 74 (1969) 197
[7] *H. Leutz, L. van Gelderen, Th. Courbois*, Characteristics of scintillation detectors for total body counting, Harshaw preprint, De Meern 1969
[8] *P. Povinec, S. Usačev, J. Vanko, M. Chudý*, Jaderna energie 25 (1979) 181
[9] *P. Povinec, J. Vanko, S. Usačev*, Radiochem. Radioanal. Letters 39 (1979) 187
[10] *P. Povinec* et al., Report KJF UK 58/80, Bratislava 1980
[11] *P. Povinec*, Izv. AN SSSR, ser. fiz. 45 (1981) 1141

Kernkraftwerkstechnische Laborpraktika am Zittauer Lehr- und Forschungsreaktor ZLFR

K. Konschak

(Ingenieurhochschule Zittau)[1])

Die kernkraftwerkstechnischen Laborpraktika, die am Zittauer Lehr- und Forschungsreaktor ZLFR für verschiedene Nutzer durchgeführt werden, können aus einer Auswahl von etwa zwei Dutzend Versuchen zusammengestellt werden. Je nach dem angestrebten Ausbildungsziel stehen in den Praktika die strahlenschutztechnischen, reaktorphysikalischen oder reaktordynamischen Experimente im Vordergrund. Insgesamt wurde eine enge Bindung zu den spezifischen Problemen eines Kernkraftwerkes hergestellt.

Keywords

education; reactor noise; reactor safety experiments; reactors; training reactors; water moderated reactors

1. Einleitung

In der Deutschen Demokratischen Republik beträgt der Anteil der Kernkraftwerksleistung im elektrischen Verbundnetz gegenwärtig etwa 11%. Der Bau von Kernkraftwerken wird in enger Kooperation mit der Sowjetunion und den anderen Staaten des RGW planmäßig fortgesetzt. Eine der Voraussetzungen für den effektiven Betrieb der Kernkraftwerke ist die Ausbildung von Ingenieuren, die über anwendungsbereite theoretische Kenntnisse und hinreichend parktische Fähigkeiten verfügen. Das ist nur erreichbar, wenn Laborpraktika, Trainer und Versuchsstände für die Kraftwerkstechnik zur Verfügung stehen. An der Ingenieurhochschule Zittau, die einen wesentlichen Beitrag zur Aus- und Weiterbildung von hochqualifiziertem Personal für die Kernkraftwerke leistet, wurde deshalb ein kernkraftwerkstechnisches Laboratorium geschaffen, dessen Kernstück der Zittauer Lehr- und Forschungsreaktor ZLFR ist (Abb. 1).

In den letzten 10 Jahren wurden eine Reihe von Laboreinrichtungen gebaut und die benötigten Versuchsstände konstruiert und in Betrieb genommen. Dabei wurde mit der Errichtung des ZLFR der bedeutendste Schritt getan. Durch die Flexibilität des nuklearen Teils der Anlage und der prinzipiellen Übereinstimmung des technologischen Schemas mit dem der in der DDR eingesetzten Leistungsreaktoren des Typs WWER war es möglich, den Experimenten einen praxisnahen Charakter zu verleihen und laufend weitere Versuche in die Ausbildung zu übernehmen, die zur Verbesserung der Anwendungsbereitschaft des theoretischen Wissens der Ingenieure beitragen.

[1]) Anschrift: 8800 Zittau, Theodor-Körner-Allee 16

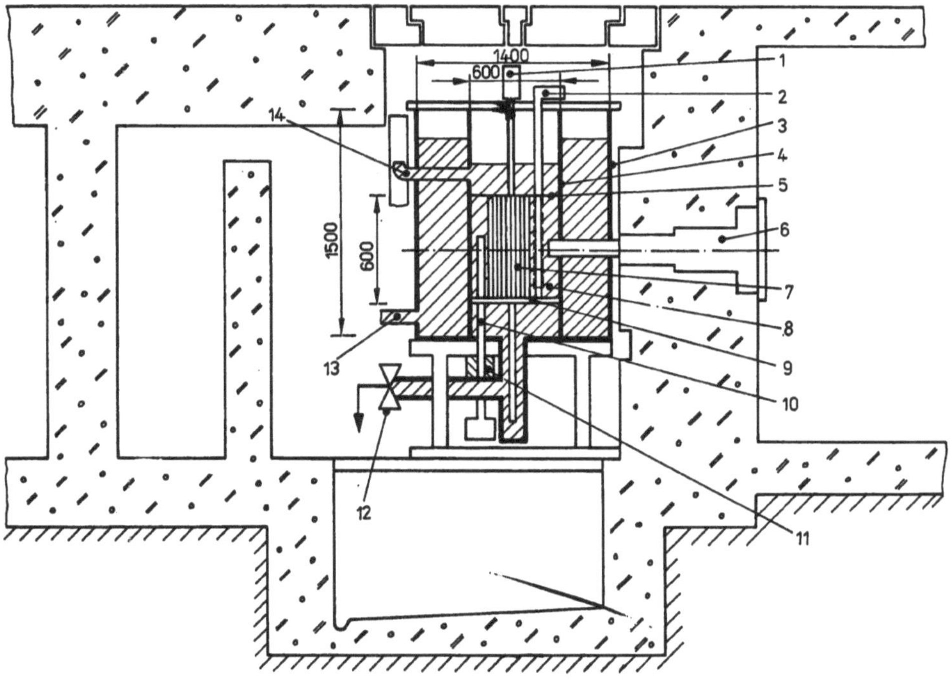

Abb. 1. Längsschnitt durch den Reaktor und seine biologische Abschirmung

1 – Sicherheitsstab; 2 – Steuerstab; 3 – Reaktorbehälter; 4 – Spaltzonenbehälter; 5 – Führungsplatte; 6 – Experimentierkanal; 7 – Spaltzone; 8 – Reflektor; 9 – Grundplatte; 10 – Rohr für die Neutronenquelle; 11 – Container für die Neutronenquelle; 12 – Schnellablaßventil; 13 – Wassereinlaß; 14 – Überlaufrohr

Am 13. Juli 1979 wurde der ZLFR seiner Bestimmung übergeben [1]. Er ist ein leichtwassermoderierter thermischer Reaktor vom Tanktyp und hat eine Nominalleistung von 10 W. Als Reflektor dient Wasser [2]. Die Spaltzone ist zylinderförmig and besteht aus Kassetten des Typs ECH-1, deren ^{235}U zu 36% angereichert ist. Die kritische Masse ist 3510 g ^{235}U.

Während der Inbetriebnahmephase wurden die reaktorphysikalischen Parameter bestimmt und ihre Übereinstimmung mit den Vorausberechnungen analysiert. Detaillierte Ergebnisse sind in der Arbeit [3] enthalten. Seit September 1980 wird der Reaktor für die Aus- und Weiterbildung eingesetzt. Mit Forschungsarbeiten auf dem Gebiet der Rauschdiagnostik wurde im Jahre 1981 begonnen.

Durch eine Vielzahl populärwissenschaftlicher Vorträge und damit verbundenen Besichtigungen des Reaktors wird dem Informationsbedürfnis der Bevölkerung zu Problemen der Kernenergetik in der DDR Rechnung getragen.

2. Versuchsprogramm

Der Ingenieur, der im Kernkraftwerk arbeiten soll, muß eine strahlenschutztechnische Grundausbildung erhalten, um sich arbeitsschutzgerecht verhalten zu können und in der Lage zu sein, selbst aktiv eine Gefährdung von Personen oder Sachen zu verhindern. Dazu wurden Versuche zu den Grundlagen der Strahlenschutztechnik und zum Strahlenschutz in Kernkraftwerken eingerichtet.

Die theoretischen Kenntnisse, die der Student bezüglich des nuklearen Teils des Kernkraftwerkes besitzen muß, werden durch Versuche zur Reaktorphysik gefestigt. Um auch diejenigen Effekte in die Ausbildung einbeziehen zu können, die den Leistungsbetrieb betreffen und am ZLFR nicht demonstriert werden können, wurden elektroanaloge Modelle bzw. rechnergestützte Simulatoren geschaffen.

Zu den Problemen der Thermohydraulik, der Wärme-Kraft-Kopplung usw. existieren getrennte Laborpraktika.

In den folgenden Abschnitten werden die Versuche bezüglich ihres Inhalts und der von den Praktikanten auszuübenden Tätigkeiten charakterisiert.

2.1. *Grundlagen der Strahlenschutztechnik*

Strahlenschutz (K 1)

Grundsätze des Strahlenschutzes und Umgang mit der am ZLFR eingesetzten Meßtechnik.

Tätigkeiten: Umgang mit gesetzlichen Vorschriften und radiologischen Einheiten; Schwächung von Betastrahlung mit verschiedenen Materialien; geometrische Schwächung von Beta- und Gammastrahlung; dosimetrische Überwachung am ZLFR; Umgang mit transportablen Strahlenschutzmeßgeräten

Strahlungsdetektoren (K 2)

Funktion und Einsatz von *Geiger-Müller*-Zählrohr, Proportionalitätszählrohr und Szintillationssonde

Tätigkeiten: Zählrohr- bzw. Sondencharakteristik messen; Ermittlung des Nullpegels; Untersuchung der Zählstatistik; Beeinflussung des Detektorbetriebes durch Variation der Parameter der Nachfolgeelektronik

Biologische Abschirmung (K 7)

Eigenschaften und Materialkenngrößen der für die Schwächung von Neutronen- und Gammastrahlung verwendeten Stoffe

Tätigkeiten: Messung von Schwächungskoeffizienten; Einfluß der Energie der Strahlung, der Ordnungszahl des Materials und der Geometrie auf die Schwächung; Aufbaufaktor; Konzepte für Abschirmungen an kerntechnischen Anlagen

Alpha- und Betastrahlung (K 12)

Eigenschaften der Alpha- und Betastrahlung und deren Abschirmung

Tätigkeiten: Reiweitemessungen an dünnen Folien; Beta-Rückstreuung; Nachweis der Bremsstrahlung; Abschirmungsprobleme

Neutronen (K 13)

Wechselwirkung von Neutronen mit Materie unter besonderer Beachtung der Probleme beim Betrieb von Kernreaktoren

Tätigkeiten: Absorption schneller Neutronen in Wasser; Wirkung von Bor und Cadmium; Messung der Relaxationslänge; Moderation von schnellen Neutronen in reinem und moderiertem Wasser

Gammaspektrometrie (K 14)

Funktionsprinzip und Einsatzmöglichkeiten verschiedener spektrometrischer Meßeinrichtungen

Tätigkeiten: Arbeit mit dem Ein- und Mehrkanalspektrometer; Kalibrierung des Spektrometers; Nachweis einfacher Gammaspektren; Nachweis unbekannter Nuklide

Thermolumineszenzdosimetrie (K 15)

Physikalisches Prinzip der Thermolumineszenzdosimetrie und Einsatz zur Analyse von Strahlungsfeldern

Tätigkeiten: Umgang mit dem TL-Meßgerät; Aufnahme einer Kalibrierungskurve; statistische Untersuchungen; Ausmessen eines Strahlungsfeldes

Umwandlungsgesetz (K 16)

Kinetik von radioaktiven Umwandlungen, wie sie in abgebrannten Kernbrennstoffkassetten von Bedeutung sind

Tätigkeiten: Messung der Umwandlungskonstante; Nuklidbestimmung; Auswahl eines geeigneten Detektors; Umgang mit einschlägigem Datenmaterial

2.2. *Strahlenschutz in Kernkraftwerken*

Luftaktivierung (K 8)

Aktivierung der Luft in kerntechnischen Anlagen infolge der hohen Neutronenflüsse und des Auftretens gasförmiger Spaltprodukte

Tätigkeiten: Auswahl von Detektoren für gasförmige radioaktive Stoffe; Nachweis von ^{41}Ar und ^{131}J in geschlossenen Kreisläufen

Spaltproduktaktivität (K 9)

Aktivierung der Spaltzone eines Kernreaktors in Abhängigkeit von der Betriebsgeschichte

Tätigkeiten: Ermittlung der Isodosen um eine Brennstoffkassette; Qualitative Untersuchung der Gesamtaktivität der Spaltzone nach verschiedenen Betriebsabläufen; Beobachtung des Abklingens verschiedener Nuklide

Dekontamination und Wischtest (K 10)

Erlernen von praktischen Fähigkeiten zur sicheren Feststellung von radioaktiven Verschmutzungen und deren Beseitigung

Tätigkeiten: Auffinden einer radioaktiven Verschmutzung; Beseitigung der radioaktiven Verschmutzung auf unterschiedlichen Oberflächen; Behandlungsprozeduren und Meßtechnik

Umgebungsüberwachung (K 17)

Kenntnis der natürlichen und zivilisatorischen Strahlenbelastung des Menschen und Probleme der Umgebungsüberwachung beim Betrieb von Kernreaktoren

Tätigkeiten: Vorbereitung einer Meßeinrichtung für Untersuchungen des Strahlungspegels; Untersuchung des Strahlungspegels im Kontroll- und Überwachungsbereich des ZLFR; strahlenschutztechnische Beurteilung ausgewählter Arbeitsplätze

Reales Strahlungsfeld (K 18)

Strahlenschutztechnische Bewertung von Irregularitäten in der biologischen Abschirmung von Kernreaktoren

Tätigkeiten: Ausmessen von Gamma- und Neutronenstrahlungsfeldern an ausgewählten Orten außerhalb der biologischen Abschirmung des ZLFR (Kabel- und Leitungsdurchführungen, Stopfen, Kanäle, Reaktordeckel); Bewertung der Strahlenschutzgüte

2.3. *Reaktorstatik*

Neutronenflußdichteverteilung (K 19)

Bestimmung der relativen, axialen Neutronenflußdichteverteilung an verschiedenen Orten der Spaltzone des ZLFR

Tätigkeiten: Ausmessen eines aktivierten Cu-Drahtes; zusätzliche Korrekturmessungen in Abhängigkeit von Fehlerbetrachtungen; graphische Abschätzung der axialen Extrapolationslänge

Aktivierung (K 21)

Ausgehend von der Bedeutung der Kinetik der Aktivierung von Korrosionsprodukten und des Stickstoffs für die Gesamtaktivität im ersten Kreislauf werden am Beispiel des Indiums Entstehung und Zerfall radioaktiver Stoffe untersucht (Pu-Be-Quelle)

Tätigkeiten: Messung der Umwandlungskonstante; schrittweise Aktivierung der Indiumprobe; Berechnung der Sättigungsaktivität und der Aktivität der Neutronenquelle

Reaktivitätsänderungen (K 23)

Untersuchung von Reaktivitätsänderungen der Spaltzone des ZLFR infolge geometrischer Veränderungen oder Veränderungen der Materialzusammensetzung

Tätigkeiten: Reaktorstart; Abkippen einer Randkassette; Wasserloch; Änderung der Eigenschaften des Reflektors; Messungen der jeweiligen Reaktivitätsänderung über die Verdopplungszeitmethode

Blasenkoeffizient (K 24)

Statische Untersuchung des Reaktivitätseffektes von Blasen in der Spaltzone des ZLFR

Tätigkeiten: Reaktorstart; Messen des Reaktivitätseffektes in Abhängigkeit von der Blasengröße und dem Ort der Blase in der Spaltzone

Temperaturkoeffizient (K 25)

Bedeutung des Temperaturkoeffizienten des Moderators für die inhärente nukleare Sicherheit eines Kernreaktors

Tätigkeiten: Reaktorstart; Erhöhen der Moderatortemperatur mit einer Zusatzheizung auf 40 °C; Messung des Reaktivitätseffekts über die Steuerstabcharakteristik; Berechnung des Temperaturkoeffizienten

2.4. *Reaktordynamik*

Rauschdiagnostische Messungen (K 22)

Untersuchung des Nulleistungsrauschens mit analogen und Impulsmeßverfahren und Simulierung des Leistungsrauschens durch stochastische Reaktivitätsänderungen

Tätigkeiten: Reaktorstart; Aufnahme von Wahrscheinlichkeitsdichten, Korrelationsfunktionen und Spektraldichten; Einsatz von Vielkanalanalysator, programmierbarem Tischrechner und Schmalbandanalysator

Reaktorsimulator (K 3)

Festigung der Kenntnisse über das Betriebsverhalten von Nulleistungs- und Leistungsreaktoren und Herstellung von Zusammenhängen zwischen den physikalischen Grundlagen und den technologischen Bedingungen mittels eines Analog-Rechenmodells

Tätigkeiten: Bedienungsübung Steuerpult; Bestimmen charakteristischer Parameter wie kritische Steuerabstellung, Steuerstabcharakteristik, Brennstofftemperaturkoeffizient; Ablauf kritisches Experiment

Xenonvergiftung (K 4)

Analyse des Betriebsverhaltens eines Leistungsreaktors nach Leistungseinsenkungen und Studium des Einflusses der Xenonvergiftung

Tätigkeiten: Arbeit mit einem Analog-Rechner-Modell; Anfertigung von Diagrammen des Betriebsverlaufes; Bestimmung von Betriebsparametern

Temperaturverlauf am Brennelement (K 5)

Untersuchung des axialen Temperaturverlaufes eines WWER-440-Brennelementes an einem elektro-analogen Modell

Tätigkeiten: Modellierung des Brennelements; Bestimmung von thermischen Parametern; Störung der Wärmequelldichteverteilung; Aufnahme axialer Temperaturverteilung für verschiedene Wärmequelldichten

Reaktorbetrieb (K 6)

Kennenlernen des Gesamtaufbaus des ZLFR und Studium charakteristischer Betriebszustände eines Kernreaktors

Tätigkeiten: Reaktorprüfung und Reaktorstart; Organisation des gesamten Arbeitsablaufes durch das Praktikantenkollektiv; Erfassung und Analyse von Betriebszuständen wie unterkritischer und überkritischer Reaktor mit und ohne Neutronenquelle; Funktion der Automatik

Steuerstabcharakteristik (K 11)

Messen wesentlicher Parameter für die Steuerung und die nukleare Sicherheit eines Kernreaktors am Beispiel des ZLFR

Tätigkeiten: Reaktorstart; Bestimmung des Reaktivitätsbeitrages des Sicherheitsstabes am unterkritischen Reaktor; Verdopplungszeit- und Kompensationsmethode zur Ermittlung der Steuerstabcharakteristika; Berechnung der Überschußreaktivität

Kritisches Experiment (K 20)

Experimentelle Überprüfung der Kritikalitätsrechnungen des ZLFR durch Einladen von Brennstoffkassetten oder Erhöhung des Moderatoranteils in der Spaltzone

Tätigkeiten: Reaktorbedienung; Ermittlung der Beladungsschritte aus den Meßdaten; Herstellen der endgültigen überkritischen Beladung; Kritische Steuerstabstellung und Überschußreaktivität bestimmen

Rauschdiagnostische Messungen (K 22)

Untersuchung des Nulleistungsrauschens mit analogen und Impulsmeßverfahren und Simulierung des Leistungsrauschens durch stochastische Reaktivitätsänderungen

Tätigkeiten: Reaktorstart; Aufnahme von Wahrscheinlichkeitsdichten, Korrelationsfunktionen und Spektraldichten; Einsatz von Vielkanalanalysator, programmierbarem Tischrechner und Schmalbandanalysator

Temperaturkoeffizient (K 25)

Untersuchung des Temperaturkoeffizienten des Moderators und Behandlung von Problemen der nuklearen Sicherheit

Tätigkeiten: Reaktorstart; Erhöhen der Moderatortemperatur im Arbeitsbereich des ZLFR; Messung des Reaktivitätseffektes mit verschiedenen Meßmethoden; Berechnung des Temperaturkoeffizienten aus den Meßdaten

3. Laborpraktika

Kerntechnisches Grundlagenpraktikum

Dieses Praktikum wird von den Studenten der Sektion Kraftwerksanlagen und Energieumwandlung absolviert und besteht aus folgenden zehn Experimenten, die sowohl den Strahlenschutz, die Reaktorstatik als auch die Reaktordynamik umfassen. Der Schwierigkeitsgrad ist dem Charakter der Grundlagenausbildung angepaßt.

Strahlenschutz
Strahlungsdetektoren
Biologische Abschirmung
Neutronenflußdichteveraktivierung
Reaktorsimulator
Xenonvergiftung
Temperaturverlauf am Brennelement
Reaktorbetrieb
Steuerstabcharakteristik

Im reduzierten Umfang wird dieses Praktikum auch von Studenteu der Ingenierschule für Bergbau und Energetik Senftenberg absolviert.

Vertiefungspraktikum

In die vertiefende Ausbildung im Fach Kernenergetik für die Studenten höherer Semester werden zur Zeit folgende Versuche einbezogen:

Kritisches Experiment
Rauschdiagnostische Messungen
Reaktivitätsänderungen
Temperaturkoeffizient

Der Versuch K 20 wird außerdem in abgewandelter Form am Ausbildungskernreaktor der TU Dresden, AKR-1 durchgeführt. Dieser Reaktor verfügt über eine kompakte, plastmoderierte Spaltzone.

In Zukunft ist die Einbeziehung von Versuchen zum Strahlenschutz in Kernkraftwerken vorgesehen.

Praktika für Reaktoroperatoren

Die Lehrgänge für Reaktoroperatoren, in deren Rahmen diese Praktika stattfinden, werden für die Ausbildung des Betriebspersonals des ZLFR und für die reaktorphysikalische Grundausbildung der Operatoren für die Kernkraftwerke der DDR organisiert. Sie umfassen folgende Versuche:

Xenonvergiftung
Reaktorbetrieb
Steuerstabcharakteristik
Kritisches Experiment
Temperaturkoeffizient
Temperaturverlauf am Brennelement
Neutronenflußdichteverteilung
Rauschdiagnostische Messungen
Reaktivitätsänderungen
Blasenkoeffizient

Strahlenschutzpraktika

Strahlenschutzlehrgänge mit einem hohen Anteil an praktischen Übungen werden für das Betriebspersonal des ZLFR und für die Studenten in der Vertiefungsrichtung Kernenergetik durchgeführt. Sie schließen mit einem Qualifikationsniveau ab, das dem eines Strahlenschutzbeauftragten entspricht und werden nach Programmen zusammengestellt, die vom Staatlichen Amt für Atomsicherheit und Strahlenschutz bestätigt sind. Sie umfassen im allgemeinen folgende Versuche:

Strahlenschutz
Strahlungsdetektoren
Biologische Abschirmung
Neutronen
Gammaspektrometrie
Dekontamination und Wischtest
Alpha- und Betastrahlung
Thermolumineszenzdosimetrie
Umgebungsüberwachung
Reales Strahlungsfeld

Spezielle Ausbildung

Während der Vorbereitung von Studenten auf eine Mitarbeit in der Forschung am ZLFR werden die jeweils erforderlichen Versuche individuell durchgeführt. Für den internationalen Studentenaustausch werden die Versuche Reaktorbetrieb, Steuerstabcharakteristik, Kritisches Experiment und Reaktivitätsänderungen eingesetzt. Studenten der Ingenieurhochschule Zittau, für die Kernenergetik kein Hauptfach ist, nehmen an Demonstrationspraktika teil. Versuche, die aus der Vorlesung oder den Seminaren theoretisch bekannt sind, werden Studentengruppen vorgeführt. Die erhaltenen Versuchsdaten werden durch die Studenten selbst ausgewertet. In ähnlicher Weise werden auch diejenigen Experimente organisiert, die am ZLFR im Rahmen von Studientouren der Internationalen Atomenergieorganisation (IAEA) in der DDR stattfinden.

4. Zusammenfassung

Nach der Inbetriebnahme des Zittauer Lehr- und Forschungsreaktors ZLFR der Ingenieurhochschule Zittau wurde ein Versuchsprogramm für die Aus- und Weiterbildung auf dem Gebiet der Kerntechnik realisiert.

Die Versuche sind in ihrem Schwierigkeitsgrad so gestaffelt, daß sie den verschiedenen Anforderungen an Studenten in der Grundausbildung als auch an Praxiskader in einer vertiefenden Ausbildung oder an Mitarbeiter und Studenten, die in der Forschung tätig sind, gerecht werden. Die relativ große Anzahl der strahlenschutztechnischen Versuche ist notwendig, um die innerbetriebliche Schulung von Reaktoroperatoren auf diesem Gebiet vornehmen zu können. Die dosimetrischen und sicherheitstechnischen Einrichtungen des ZLFR sind so ausgelegt, daß der Praktikant bereits in der Ausbildung mit einem strahlenschutzgerechten Verhalten und den geltenden gesetzlichen Vorschriften vertraut wird.

Der ZLFR wurde so konzipiert, daß die reaktordynamischen Verhaltensweisen in der DDR installierten Leistungsreaktoren durch den Praktikanten studiert werden können. Leistungabhängiges Betriebsverhalten wird zum Teil an elektro-analogen Modellen oder rechnergestützten Modellen simuliert. Mit dem Fortgang der Forschungsarbeiten auf dem Gebiet der Rauschdiagnostik werden mehr und mehr moderne Meßmethoden der Reaktortechnik für die Ausbildung aufbereitet. Schließlich erlaubt es die Flexibilität der Spaltzone des ZLFR, einige informative reaktorphysikalische Effekte in augenfälliger Weise zu demonstrieren. Das trägt zu einer Festigung der theoretischen Kenntnisse bei.

Eingegangen am 14. 4. 1982

Literatur

[1] *K. Konschak*, Kernenergie 23 (1980) 28
[2] *G. Ackermann* u. a., Kernenergie 22 (1979) 314
[3] *K. Konschak* u. a., Kernenergie 25, (1982) 158

Kurze Originalmitteilungen

A Modified Method of SO_2 Extraction from Sulphates for Isotopic Analysis Using $NaPO_3$

S. Halas[1]), *A. Shakur*[2]), *H. R. Krouse*[2])

[1]) Institute of Physics, Marie Curie-Sklodowska University, Lublin;
[2]) Department of Physics, The University of Calgary)

Total conversion of a sulphate to SO_2 was attained using simplified $NaPO_3$ technique (Halas and Wolacewicz, 1981). The modified procedure uses only one furnace and small quartz ampoules for a convenient sample loading.

Keywords

isotope ratio; sample preparation; sulphur isotopes; mass spectrometry

A simple method of total sulphur extraction from sulphates ($BaSO_4$, $SrSO_4$, and $CaSO_4$) in the form of SO_2 for isotopic analysis was described by *Halas* and *Wolacewicz* [1]. The procedure consists of reduction of sulphate to SO_3 with $NaPO_3$ at 850 °C and subsequent decomposition of the SO_3 to SO_2 by trapping oxygen on hot copper. The reactions take place in a quartz-tube reactor connected to a typical glass vacuum line. A slight inconvenience for the operator in the previously reported method is the use of two independent furnaces for heating a porcelain boat containing the sulphate-$NaPO_3$-mixture and the copper gauze which is heated to a lower temperature (about 700 °C). Moreover, the reagent sometimes boiled over the sides of the porcelain boat which reduced the life time of the quartz reactor.

The modified simplified procedure avoids the inconveniences cited above and ensures total reduction of $BaSO_4$ within 20 min. The reproducibility of the method appears to be better than our instrumental precision of ± 0.05 per mil in $\delta^{34}S$.

Addresses: [1]) 20-031 Lublin, Ul. Nowotki 10, Poland;
[2]) Calgary, Alberta, Canada T2N 1N4

Experimental

Apparatus

For greater sample throughput, two parallel vacuum lines were constructed as shown in Fig. 1. Each reactor is heated alternately by one electric furnace mounted by castors. Samples are loaded into small quartz tube ampoules (about 3.5 cm long and 6 mm O.D.) rather than porcelain boats. It is easy to produce such ampoules by melting 7 cm long pieces of Vycor tubing in the centre (since the working temperature is relatively low, high purity silica is not mandatory). The sample ampoule along with copper turnings is placed in a quartz envelope of 10 mm O.D. and 20 cm long. (Fig. 1). The main reactor tube (20 mm O.D. and about 30 cm long) is made of 2 mm wall thick Vycor tubing and connected to the pyrex part of the

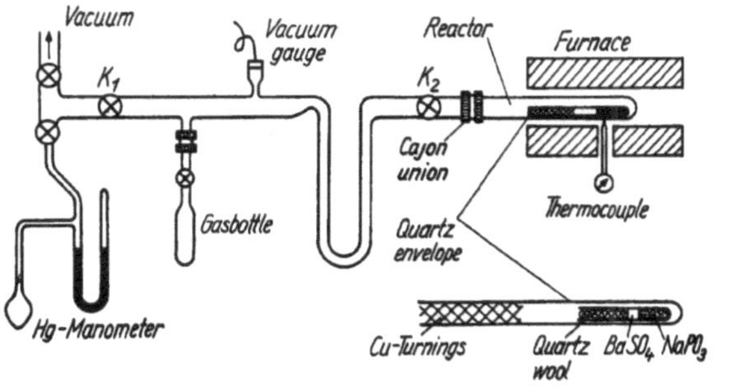

Fig. 1. Apparatus for SO_2 production and yield measurement

apparatus by a Cajon "Ultratorr Union" fitting (Cajon Company, Solon, Ohio).

Reagents

Inexpensive, technical grade sodium metaphosphate was obtained from Fisher Scientific Company. Prior to use, it was tested to see if any SO_2 was produced if it was loaded without a sulphate sample. In the case of some SO_2 production from the reagent itself or for a small-sulfate-sample preparation, the cleaning procedure described earlier [1] should be used.

Technical grade, copper turnings, were obtained from Fisher and rolled by hand into a roughly cylindrical shape about 10 cm long. Then the copper is inserted into a 10 mm O.D. quartz tube and heated slowly to 800 °C under vacuum. One cylinder of clean copper turnings prepared in this way can be used for numerous sample preparations.

Procedure

About 100 mg of $NaPO_3$ is loaded in the bottom of the small quartz ampoule and then 15–20 mg of $BaSO_4$ – sample placed on top of the $NaPO_3$ without mixing. The ampoule is then plugged with a piece of quartz wool and inserted into the quartz envelope followed by the copper turnings as shown in Fig. 1. The envelope is then transferred to the main reactor tube which is attached to the glass vacuum line and evacuated for about 5 min. In order to facilitate outgassing, the hot furnace is moved over the reactor for a short time. (One should avoid internal temperatures above the melting point of $NaPO_3$, i.e. 610 °C, at which temperature SO_2 production just starts. The proper time of heating can be easily found experimentally).

After outgassing, the stopcock K_1 is closed, the U-trap is immersed in liquid nitrogen and the hot furnace is placed over the reactor for 20–25 min. During this time the internal temperature rises slowly to a final value which is about 100 °C lower than the temperature of the furnace. Although the furnace is always set at 1000 °C, the temperature surrounding the reactor as indicated by a built-in thermocouple drops to about 880 °C in the first few minutes of heating. It is important to note that the sample ampoule occupies the place of the highest temperature whereas the copper turnings lie in a cooler zone. In about 20 minutes, the final temperature of 1000 °C is attained. At this point the furnace is drawn back and used to heat the second parallel line containing another sample. The mixture of SO_2, O_2, CO_2, and H_2O trapped in the U-tube is treated in the usual way [2] in order to transfer pure SO_2 to the sample container or directly into the mass spectrometer inlet system.

Results and Discussion

Using this significantly simplified procedure, we have obtained very good reproducibility of $\delta^{34}S$ in SO_2 produced from the same $BaSO_4$-sample. Only the duration of heating appears critical and periods shorter than 20 min should be avoided since the reaction might nor reach completion. As shown by the data presented in Tab. 1 the yield reaches the maximum after about 10 minutes. The measurement of yield, however, was much less accurate than that of $\delta^{34}S$ values, hence we have plotted these values versus time of reaction (Fig. 2) to estimate the shortest time necessary to complete the reaction. From the $\delta^{34}S$ values obtained for a reaction time of 20 min or more, the reproducibility is ± 0.04‰, expressed as standard deviation from mean value which is consistent with the instrumental precision of the mass spectrometer used (Micromass 602 employed with the inlet system described by *Halas* [3]).

Tab. 1. Results of $\delta^{34}S$ measurements for SO_2 prepared during different time of reaction

Time min	External Temp., °C	Yield arbitrary units	$\delta^{34}S$ ‰
7.5	880–950	34	–3.49
10	850–960	40	–3.30
13.5	860–970	37	–3.05
15	800–950		–2.42
16.5	860–980	42	–2.76
17.5	870–1000	37	–2.51
18	890–990	44	–2.18
20	870–980	39	–2.26
20	950–1000		–2.23
23	890–1000	44	–2.26
25	880–1000	42	–2.26
28	820–980		–2.29

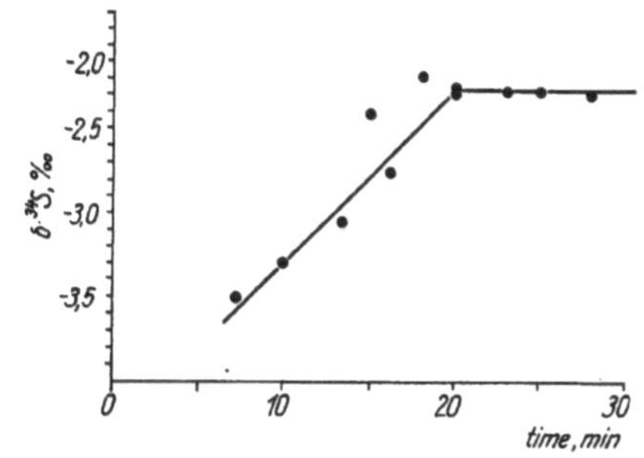

Fig. 2. A plot of $\delta^{34}S$ versus elapsed time

With the procedure described above, one loading of clean copper turnings can be used for many runs. A small zone of the copper (in front of the sample ampoule) is oxidized initially but at higher temperatures this oxygen is lost and subsequently condensed in the U-trap.

The small sample-ampoules cannot be reused since the $NaPO_3$ apparently penetrates into the Vycor sometimes resulting in shattering during cooling. Other features of the $NaPO_3$ method were previously discussed in detail by *Halas* and *Wolacewicz* [1].

Acknowledgement

This work was supported by NSERC Grant No. A 8176 to H.R.K. and carried out while *S. Halas* was on sabbatical leave at The University of Calgary.

Received March 15, 1982

References

[1] *S. Halas, W. P. Wolacewicz*, Anal. Chem. **1981**,
[2] *S. Oana, H. Ishikawa*, Geochem. J. **1966**, 45
[3] *S. Halas*, J. Phys. E.: Sci. Instrum. **1979**, 418

Informationen

Welt. Alles Leben auf der Erde ist einer radioaktiven Strahlung ausgesetzt. Unterschieden wird heute zwischen einer natürlichen und einer künstlichen Strahlenbelastung. Sie wird gemessen in „roentgen equivalent man" (rem), was etwa soviel wie biologisch wirksame Strahlendosis bedeutet.

Die natürliche Strahlenbelastung setzt sich aus den Anteilen

- der Erde von 50 mrem
- dem Weltall von 30 mrem und
- dem menschlichen Körper von 30 mrem

zusammen. Demgegenüber setzen sich die zivilisatorisch/anthropogenen Anteile wie folgt zusammen aus

– der Medizin (Röntgenologie)	52 mrem
– den Kernwaffentests	1 mrem
– der Industrie, Verkehr, Haushalt u. a.	6 mrem
– den Kernkraftwerksanlagen	<1 mrem.

Danach hat also den größten Anteil der künstlichen Strahlenbelastung die Medizin, beispielsweise durch die im Verlauf eines Lebens häufig durchgeführten Röntgenaufnahmen. Die sehr geringen Strahlenbelastungen aus Kernkraftwerksanlagen aller Art sind für die BRD im Durchschnitt ermittelt worden. (Atomwirtschaft 5/82)

EG. Nach einer Meldung des „WID Energiewirtschaft" über die erste Schätzung des Primärenergieverbrauchs 1981 in der Europäischen Gemeinschaft wurden mit ca. 1293 Mio. tSKE gegenüber dem Vorjahr 57 Mio. tSKE, entsprechend 4%, weniger verbraucht.

Den stärksten Rückgang hatte das Mineralöl mit ca. 64 Mio. tSKE. Sein Anteil, der 1973 noch knapp 60% betrug, sank unter die 50%-Marke. Seit 1973 verminderte sich sein Beitrag um ca. 170 Mio tSKE, was dem gesamten derzeitigen Anteil von Kernenergie, Braunkohle und Wasserkraft entspricht. Der Steinkohlenverbrauch erreichte 1981 ca. 265 Mio. tSKE und war damit gegenüber dem Vorjahr leicht rückläufig. Der Anteil des Erdgases erhöhte sich geringfügig auf ca. 18%, der Anteil der Kernenergie auf ca. 5,5%. (Atomwirtschaft 5/82)

IAEA. Die Joint FAO/IAEA Abteilung der IAEA hat ein weiteres Heft der Food Irradiation Newsletter Vol. 6, No. 1 im April 1982 herausgegeben. Unter anderem sind in diesem Heft folgende Beiträge enthalten:

- Report on the 3rd International Facility for Food Irradiation Technology (IFFIT) Inter-Regional Training Course on Food Irradiation 12 Oct.—20. Nov., 1981, Wageningen, The Netherlands, p. 3—27
- Das Lebensmittelbestrahlungsprogramm der VR China, p. 27—29
- Ankündigung eines weiteren IFFIT General Training Course on Food Irradiation in Wageningen, The Netherlands, 20 Sept.—22 Oct., 1982.

Außerdem werden im Zusammenhang mit Fragen der Lebensmittelbestrahlung folgende Fachtagungen angekündigt:

- Workshop on Food Irradiation with Special Reference to Quarantine Treatment of Fruits (19—21 April 1982, Washington, D.C., USA)
- 16th Session of the Codex Committee on Food Labelling (13—21 May, 1982, Ottawa, Canada)
- FAO/IAEA Research Coordination Meeting on Factors Influencing the Utilization of Food Irradiation Processes (14—18 June 1982, University of California, Davis, Calif.)
- Meeting of the European Society of Nuclear Methods in Agriculture, with the Working Group on Food Irradiation (6—11 Sept. 1982, Brno, Czechoslovakia)
- IAEA Educational Seminar on High Dose Dosimetry in Industrial Radiation Processing (20 Sept.—1 Oct. 1982, Risø National Laboratory, Raskilde, Denmark)
- FAO/IAEA Consulting Group Meeting to Develop Strategies for Marketing and Market Testing of Irradiated Foods (27 Sept.—1 Oct. 1982, Vienna, Austria)
- International Meeting on Radiation Processing, with a Session on Food Irradiation (4—8 Oct., 1982, Dubrovnik, Yugoslavia)

IAEA. Die Nummer 1, Jahrgang 24, des International Atomic Energy Agency Bulletin ist im März 1982 erschienen.
Aus dem Inhalt:

Kerntechnik/Sicherheit
- Building confidence in nuclear power by *H. Blix*
- Recent nuclear safety activities at the IAEA by *M. Rosen*

Kernforschungszentren
- Making proper use of valuable national assets by *K. H. Beckurts*
- Developing a national research centre by *N. W. Holm*
- Nuclear centres of excellence by *M. Osredkor*
- 20 years of an international nuclear laboratory by *O. Suschny*
- Associating science and development — the Trieste Centre by *A. Hamende*

und einige Kurzberichte über Konferenzen der IAEA.

NEA/IAEA. Die Nuclear Energy Agency (NEA) der OECD und die Internationale Atomenergie-Organisation (IAEO) haben ihr neuestes „Rotes Buch", den Bericht über die Uranreserven, Uranproduktion und den Bedarf in der westlichen Welt, Anfang 1982 vorgelegt. Zum erstenmal seit vielen Jahren wird ein leichter Rückgang der Reserven gemeldet, der sich allerdings hauptsächlich aus einer Verschiebung der hinreichend gesicherten Reserven infolge von inflationären Tendenzen in höhere Kostenklassen, aber auch durch eine gesteigerte Uranproduktion im Berichtszeitraum 1979/1981 ergibt.

Die hinreichend gesicherten Uranreserven verminderten sich seit 1980 um 297000 t (11%) auf ca. 2,3 Mio. t. Die Reserven in der Kostenklasse bis zu 80 $/kg U verminderten sich um 103000 t (6%), in der Kostenklasse darüber (80—130 $) um 194000 t (26%). In der niedrigen Kostenkategorie bis zu 80 $/kg U meldeten Brasilien eine Erhöhung um 45000 t, Frankreich um 20000 t und Kanada um 15000 t. Eine erhebliche Reduzierung um 170000 t meldeten die USA. Eine Erhöhung der Reserven in der Klasse von 80—130 $/kg U meldeten die USA um 66000 t, Australien und Kanada um je 10000 t. Erhebliche Verminderungen in dieser Klasse um 263000 t meldeten Schweden und um 35000 t Südafrika.

Die geschätzten zusätzlichen Reserven erhöhten sich im Zeitraum vom Januar 1979 bis Januar 1981 um 270000 t auf 2,7 Mio. t U. Erhebliche Erhöhungen in diesem Bereich meldeten für die Kostenklasse bis 80 $/kg U Australien und Südafrika. Rückgänge meldeten die USA und Brasilien. Erhebliche Zuwächse in der höheren Kostenklasse dieser Kategorie meldeten Kanada, die USA, Australien, Gabun und Schweden.

Die Uranproduktion belief sich im Berichtszeitraum 1979/81 auf etwas über 82000 t U, davon über 31000 t in den USA, 14000 t in Kanada, 11000 t in Südafrika, 8000 t in Namibia, 8000 t in Niger und 5000 t in Frankreich. Die Produktionsanlagen sollen von einer Gesamtkapazität von 49000 jato 1981 nach der vorliegenden Planung auf maximal 78000 jato 1986 aufgestockt werden. NEA/IAEO geben zu bedenken, daß die Uranindustrie heute bereits mit einem zumindest temporären Überangebot konfrontiert ist und deshalb ihre Kapazitätserhöhungen überdenken sollte.

Der Uranbedarf in den 80er Jahren läßt sich aus den in Betrieb und den im Bau befindlichen Kernkraftwerken ziemlich genau abschätzen. Er kann sich von 30000 t U im Jahre 1980 auf 53000—65000 t U im Jahre 1990 steigern. Für den Zeitraum 1991/2000 ist die Abschätzung unsicherer, was sich in einem vorhergesagten Jahresbedarf von 64000 bis 85000 t i.J. 1995 und 80000 bis 130000 t i.J. 2000 niederschlägt. Für den langfristigen Bedarf des Zeitraumes 2001 bis 2025 wird ein minimaler Jahresbedarf zwischen 100000 und 150000 t U angesetzt.

Kumulativ erwartet die Prognose 1,1 bis 1,5 Mio. t bis zum Jahr 2000, 2,1 bis 4,4 Mio. t bis 2015 und 3,0 bis 7,6 Mio. t bis 2025. **(Atomwirtschaft 5/82)**

DDR. Der VEB Verlag für Bauwesen hat ein Verzeichnis der Verlagsproduktion von 1960—1982 herausgegeben. Es ist direkt vom VEB Verlag für Bauwesen, Abt. Absatz/Werbung, DDR 1080 Berlin, Französische Str. 13/14 erhältlich.

BRD. Der Jahresbericht 1981 der Hauptabteilung Sicherheit des Kernforschungszentrums Karlsruhe (KfK) zeigt insgesamt eine gute Bilanz beim Strahlenschutz und bei der konventionellen Sicherheit am Arbeitsplatz.

Von den insgesamt 3368 überwachten Personen erhielten im Berichtsjahr nur 2,5% eine Dosis von mehr als 500 mrem. Der Höchstwert der Ganzkörperdosis betrug 1,8 rem. Für beruflich strahlenexponierte Personen ist eine jährliche Strahlendosis von 5 rem zugelassen. Im Bereich der konventionellen Sicherheit wurden 139 Betriebsunfälle einschließlich nicht meldepflichtiger Ereignisse erfaßt. Die Zahl dieser Betriebsunfälle konnte seit 1969 auf etwa die Hälfte gesenkt werden.

Bei den Ableitungen von Radioaktivität an die Umgebung wurden die zugelassenen Jahresdosiswerte nicht überschritten. Die Direktstrahlung in der Umgebung des KfK wird mit 279 Meßstellen registriert, von denen acht telefonisch jederzeit abgefragt werden können. Die Ganzkörperdosis der Bevölkerung in der Umgebung des KfK betrug in den nächstgelegenen Ortschaften aufgrund der Ableitungen weniger als 1,1 mrem.

Die Hauptabteilung Sicherheit gehört mit ca. 350 Mitarbeitern, von denen etwa 140 allein im Bereich des Strahlenschutzes tätig sind, zu den größten Abteilungen des KfK. **(Atomwirtschaft 5/82)**

BRD. Nachdem das Ministerium für Arbeit, Gesundheit und Soziales gemeinsam mit dem Ministerium für Wirtschaft, Mittelstand und Verkehr des Landes Nordrhein-Westfalen am 31. 12. 81 die erste Teilgenehmigung (1. TG) für die Urananreicherungsanlage Gronau erteilt hat, begannen am 19. 4. 82 die Bauarbeiten für die von der Uranit Uran-Isotopentrennungs-Gesellschaft mbH zu errichtende Anlage.

Die 1. TG umfaßt den konventionellen Bauteil sowie die Betriebstechnik für die erste deutsche Urananreicherungsanlage, deren vorgesehene Trennkapazität von 100 t UTA/a schrittweise aufgebaut werden soll. Bereits Jahre vor Baubeginn wurde auf dem Ansiedlungsgelände in Gronau eine eigene Informationsstelle für die in Aussicht genommene Anlage eingerichtet, die nach Ansicht der Gemeinde und des Bauherrn wesentlich dazu beitrug, daß bei dem Genehmigungsverfahren nur wenige Einsprüche von Anliegern erhoben wurden. **(Atomwirtschaft 5/82)**

Schweden. Der staatliche Gesundheitsdienst verteilte im Dezember 1981 Jodtabletten an alle 80000 Haushalte, die innerhalb einer Zone von 12—15 km um die in Betrieb befindlichen Kernkraftwerke liegen. Die Packungen mit 20 Tabletten wurden mit einem Merkblatt versandt, in dem Hinweise auf zweckmäßiges Verhalten nach einem Störfallalarm gegeben werden. Die Aktion war Teil eines Planes, der vom schwedischen Reichstag 1980 beschlossen wurde, um die Bevölkerung für den Fall schwerer Kernkraftwerksstörungen vorbeugend zu schützen.

(Atomwirtschaft 5/82)

Festkörperphysik

Von KONRAD KREHER

(Wissenschaftliche Taschenbücher Reihe Mathematik/Physik)

2. Auflage

1976. 223 Seiten — 122 Abbildungen — kl. 8° — 12,50 M

Bestell-Nr. 761 564 3 (7103)

In dem Buch werden die Grundlagen der Festkörperphysik dargestellt, d. h. es werden Methoden erläutert, wie man die makroskopischen Eigenschaften kristalliner Festkörper aus ihrem atomaren Aufbau heraus verständlich machen bzw. berechnen kann. Die Überlegungen werden anhand einfacher (meist eindimensionaler) Modelle ausgeführt, wichtige Experimente im Prinzip (ohne technische Details) erläutert. Voraussetzungen zum Verständnis sind Grundlagenkenntnisse der Experimentalphysik (etwa im Umfang einer einjährigen Vorlesung) und der Quantenphysik (im wesentlichen Welle-Teilchen-Dualismus und Atombau).

Bestellungen durch eine Buchhandlung erbeten

AKADEMIE VERLAG
DDR-1086 Berlin, Leipziger Str. 3—4

Contents of this Issue

FSC
www.fsc.org
MIX
Papier | Fördert
gute Waldnutzung
FSC® C083411

Kolibri 360 GmbH
Ferdinand-Jühlke-Straße 7
99095 Erfurt, Deutschland
produktsicherheit@kolibri360.de